# 但愿你也曾倾尽全力

[美] 奥里森·马登 著 曹源 译

北方妇女儿童出版社
·长春·

图书在版编目（CIP）数据

但愿你也曾倾尽全力 / (美) 奥里森·马登著 ; 曹源译. -- 长春 : 北方妇女儿童出版社, 2016.8（2026.1重印）
ISBN 978-7-5385-9980-0

Ⅰ. ①但… Ⅱ. ①奥… ②曹… Ⅲ. ①成功心理－通俗读物 Ⅳ. ①B848.4-49

中国版本图书馆CIP数据核字(2016)第128326号

但愿你也曾倾尽全力
DANYUAN NI YE CENG QING JIN QUANLI

| | |
|---|---|
| 出 版 人 | 师晓晖 |
| 责任编辑 | 张晓锋 |
| 开　　本 | 880mm×1230mm　1/32 |
| 印　　张 | 8 |
| 字　　数 | 150千字 |
| 印　　刷 | 河北晔盛亚印刷有限公司 |
| 版　　次 | 2016年8月第1版 |
| 印　　次 | 2026年1月第2次印刷 |
| 出　　版 | 北方妇女儿童出版社 |
| 发　　行 | 北方妇女儿童出版社 |
| 地　　址 | 长春市福祉大路5788号 |
| 电　　话 | 发行科：0431－81629633 |
| 定　　价 | 78.00元 |

# 前言
Preface

一只兔子被猎人开枪打伤，它惊恐地逃跑了。训练有素的猎犬如箭一般追向那只逃跑的兔子，猎犬身手敏捷、速度飞快！

兔子也没命地飞奔，甚至根本看不出它已经受伤，最后竟然把猎犬甩开了。

猎人见它一无所获，愤愤地骂道：“没用的东西，连一只受伤的兔子都抓不到，今晚别想吃晚饭了！”猎犬感到很委屈，辩解道：“我虽然没能抓住兔子，但我尽力而为了呀！”

受伤的兔子逃回窝中，伙伴们为它死里逃生而感到惊奇，它们好奇地问：“猎犬速度这么快，你居然还能逃脱，真是太不可思议了！”惊魂未定的兔子说：“猎犬如果抓不住我，顶多被骂一顿，所以它追我只是尽力而为；可我如果被它抓住，命就没有了，所以我逃跑可是倾尽全力的呀！”

一个人是否能够充分调动身上分散的能力倾尽全力去做一件事，是胜负的关键。太阳可能一如既往地照射着大地，永远也不会在什么地方烧出一个洞或者烧着什么东西；只有光线聚集在一起，透过一块凹透镜，才有可能把坚不可摧的宝石化为乌有。当你倾尽全力去做一件事情的时候，你会发现全世界都会给你让路，如果你没有倾尽全力去做，那便是对自己的轻视！

永远记住，只有倾尽全力，才能赚取你想要的人生！

# 目录
Contents

## Part 1

## 行动第一：永远没有准备好这回事，现在就放手去做



## Part 2

## 倾尽全力：用你的努力，去赚取你想要的人生

## Part 3

## 发挥优势：你的天赋才是你最好的归属



## Part 4

## 坚定信念：不怕万人阻挡，只怕自己投降

# Part 5

## 调控状态：方法总比问题多

# Part 1

# 行动第一：永远没有准备好这回事，现在就放手去做

快，是商业的灵魂。

——切斯特·菲尔德

拖延因循，一事无成。

——塞万提斯

拖延是世界上出现的最大的小偷，并且到现在还没落网。

——H.W.肖

## 1. 是时候马上行动了！我知道这一定会让你的人生大有不同

“你是说明天吗？”克顿问。“我不要听这个，明天！这是一个用贫穷做赌注，意欲赢取你的财富的赌徒哇！这个赌徒卷起你的现金，只给你留下空头期待、希望和誓言。明天！在时间长河里找不到明天！它只在愚蠢的人的日历中偶然出现。智慧拒绝这个字眼，也拒绝与依赖明天的人相处。‘明天，是想象之子，是愚蠢之父，是人造的梦境，是夜空中无稽的幻想。’那些通往成功路上的残骸会说：‘我花了一辈子追求明天，自以为明天为我存着一些什么惊人的利益。’”

◆

“我可以认真地、郑重地说，”菲奇博士说道，“那些拖拖拉拉地去赴约的人不会受到人们的尊重，也一辈子不会成功。”

◆

“请问，”华特·罗利的一个雇员问道，“你是怎样做到在这么短的时间内做这么多的事情的呢？”“我如果有什么事要做，我立马着手做。”他答道。行动迅速的人，即便他偶尔犯错，最终还是会成功。而拖拖拉拉的人，即便能有更好的判断力，最终也还是难逃失败。

当切斯特菲尔德男爵被问及他是如何处理如此大量的工作时，他回答道：“因为我从不把今天的事留到明天做。”

荷兰大议长德威特也曾回答过相同的问题：“没有比你正在做的更简单的事了。一次只做一件事，并且永远不要把今天的事情留待明天去完成。”

◆

“韦伯斯特兄弟的父亲准备离开家一周，在离开前，他叫他的两个儿子去一块地里收割玉米，并告诉他们，如果收割完了还有时间剩余，那他们就可以自个儿玩耍。周一的时候两个男孩跑到田边一看，估摸着他们可以在三天内把地里的玉米收割完，所以他们决定前三天先玩。三天过去了，周四早晨他们来到田边，但是现在地里的玉米比周一的数量看起来多太多了，他们觉得三天内可能不能够完成任务，那还不如不干了，所以他们到最后一根指头也没动，碰也没碰那片玉米地。当父亲回到家时，他很生气，他把儿子叫来，问他为什么没有去收割玉米。‘你这些天都在干些什么？’严厉的父亲问道。‘什么也没做，父亲’‘丹尼尔你呢，你这几天都干了些什么？’‘回父亲，我听大哥的。’不只是丹尼尔，世界上有多少年轻人、成年人，成日成日把时间浪费在‘听大哥的’上面！”

◆

“记住，上帝是在六天内创造世界的，”拿破仑对他的一个手下说，“你想要什么都可以，就是别请求获得时间。”

火车和汽船真是教人行动迅速的好老师，因为不论有谁来迟了，它都在正点开出。在偌大的火车站里看着人们为了抓紧时间奔跑和急行颇有趣味，他们跑这么急是因为他们知道，开车时间一到，列车就会开出。

◆

全世界都知道一个做事干脆的人的账单和欠条会在应该还的那天还清，所以大家都会相信他。人们会借给他钱，因为他们知道他靠得住。但是，做事拖拉的人就会失去别人的信任。

“你永远不能拖延，”查尔斯·巴克斯顿说，“如果你想要做什么事，现在是最好的开始。”

## 2. 与其在等待中枯萎，不如在行动中绽放

“当我还是个小男孩的时候，”格兰特将军说，“一天早上我的母亲发现家里没有早餐要用的黄油了，于是让我去邻居家借一点儿。我没有敲门就进去了，听到他们在读一位邻居儿子的来信，他那时就读于西点军校。他在信里说，由于考试不及格，他将退学回家。我把黄油拿回家中，等不及吃早饭就赶到我们这一区的议员处对他说：‘哈默尔先生，你能不能派我去西点军校服役？’‘不，××正在那里服役，三年之后才役满回家。’‘但如果他被除名了，您能否派我去呢？’哈默尔先生大笑道，‘如果连他都不能通过考试，那你就更没谱了。’‘答应我，无论如何都请给我这个机会，哈默尔先生。’哈默尔先生答应了我。第二天这个失败的年轻人回到了家中，而这位议员则惊觉于我的敏锐，笑着给了我这个名额。现在看来正是因为我母亲缺了点儿黄油这件事使我成为了将军和总统。”但他的说法是不准确的。他的辉煌成就来源于他对于机会的敏感，以及不遗余力地争取。

◆

有人说过：“任何人的一生中都会受到幸运女神的一次垂青，但如果他或她没准备好抓住这个机会，幸运女神前一刻从大门里进去，后一刻就会从窗口出来。”机会转瞬即逝，粗心大意的人、行动迟缓的人、注意力不集中的人以及懒惰消极的人在机会消失时要么注意不到它、要么没能抓紧它。而敏锐的人则会立即察觉，迅速将它紧握在手。

◆

从某种程度上，我们可以说，在某些人一生中的某个时期，全世界都会联合起来帮助他们去对抗其他人。我们大可以坦率承认这个事实，但其中却毫无宿命的成分。所谓“幸运”或“机会”，它们像生命中所有其他的机遇那样来来去去，但如果有人抓住了它们并善加运用，这个人将成为幸运儿；如果有人忽视了它们，任由它们白白溜走，那他将成为一个不幸的人。

◆

“查理，”摩西·H.格林奈尔对纽约的一名雇员说道，“去把我的外套送到我第五大道的家里去。”查理先生拿着外套，一边嘟哝着“我又不是个跑腿儿的，我到这儿是为了学做生意的”，一边不情愿地磨蹭着。格林奈尔先生看见了这一幕。正在这时一位来自新英格兰的雇员说道：“这件事就交给我来办吧。”“很好，就这么办吧，”格林奈尔先生回答道，然后他对自己说，“这个年轻人很聪明，他是个能干的人。”然后他分派给了这个年轻人很多事务。年轻人得到了升职的机会，并且有了像他的雇主一样经商的信心，他很快就获得了成功。

## 3. 生在最好的年代，别辜负自己的机遇

有一类年轻人，他在一开始就下定决心拓展视野、不错过任何一个自我提升的机会，他竖起耳朵搜寻任何一个可以帮助他的声音，他伸展双手力图抓住任何一个机会，他敏锐地探查着可以让他出人头地的任何人、事，他体会着人生百态并将它融于色彩，挥洒出自己宏伟的人生版图；他拥有一颗广阔的内心，足以感知每一次高尚的律动和每一件能为他带来灵感的事物。这样的年轻人势必会取得成功，这一点毫无疑问。如果他再拥有一副健康的体魄，世上将没有任何事情能阻挡他走向成功。

◆

《郇山使者》登载过艾萨克·里奇的发迹史——这个人曾捐献一百四十五万美元来建造波士顿大学卫理公会教堂。他在十八岁那年带着三美元从科德角来到波士顿，想要找点差事谋生。经过起早贪黑的摸索，长途跋涉的调研，近距离的观察和深思熟虑，他很快想到了一个主意：他买了三大篮生蚝，雇了

一辆手推车，找了一块木板，买了六个碟子、六把钢叉、一盒价值三美分的胡椒以及其他几样东西。凌晨三点，他从渔船上买到他需要的生蚝，把它们运到三千米以外，在一个集贸市场旁边摆起摊点，迅速以高价卖光他所有的生蚝。他在那里做了四十年生蚝和鱼类的买卖，几乎独霸了整个行业。最后，他创立了一所大学。他凭借行业优势和诚实劳动获得了成功。

◆

“好了，年轻人，”在1815年一个冬天的早晨，纽约商人A先生对他的四名雇员说道：“有个好消息要告诉大家，现在天下已经太平了，我们必须着手做点什么了。也许我们会忙得不可开交，但势必会有大收获。”

他在战时与他人共有几条船，它们正闲置在三公里外的河上，而这时河面正被厚厚的冰层冻结。他知道距离这条河解冻还需一个月，而那时在那些河港能够照常运作的城市，商人们将会赶在他之前与国外市场进行交易。因此他立刻下定了决心。

“鲁本，”他接着对他的一位雇员说道，“去尽可能地多请一些劳工到河边。查尔斯，你能不能去帮我把那个叫××的索具装配工和叫××的修帆工请来，告诉他们我急需他们的帮忙。约翰，今明两天请帮我预约六个搬运工。史蒂芬，请去帮我找尽可能多的雕刻工和捻缝工来。”而A先生自己则去置办了破冰所需的一些设备。当天十二点，河上聚集了逾一百人，他们擦洗船只并运走冰块，他们把冰面切成一块块，扔到河面以外，就这样开凿了一条航线。船只的顶部破了，雕刻工的凿子上下翻飞，碎屑像冰雹一样咯咯作响；索具也被运到冰面上，装配工们扛着传送带和刀子来回奔走；修帆工正忙着飞针走线。这场经过精心调配的百人大团结显得异常轰动并富有活力。在夜幕降临之前，船只就已经能够成功地浮在冰面上、并能在航线上稍作航行；而当船只在八至十天之后到达码头时，他们的索具和桅杆已高昂在空中，他们的顶部密不透风，已经完全做好了远航的准备。

就这样，A先生和开放海港码头的商人取得了平等竞争的条件。他的公司也因此获得了巨大而又迅速的利润回报，他的邻居们则不以为意地将其归功于他的“好运气”。但是，讲述这个故事的人告诉我们说，A先生获得好运气的秘诀，在于他从不辜负自己的机遇。

◆

查尔斯·古德是布法罗的一个收藏家。有一天，他花费五百美元买了一个自动联结器的专利权。那个时候美国已经为七十多种型号各异的汽车自动联结器颁布了专利权，可直觉告诉古德，这个专利完全不同于其他专利。于是，古德毅然决然地买下了这个专利，他还向发明此专利的人保证，这个人能够在他的工厂里上班，并且签下了合同。古德的判断力是超乎寻常的，只要抓住了机会，他就会不惜代价地去付诸实践，直到成功。不久，他的工厂里就开始大量生产这种自动联结器了。

◆

两个欧洲的推销员到非洲去推销皮鞋。由于气候炎热，非洲人向来都是打赤脚。第一个推销员看到非洲人都打赤脚，十分失望，郁郁地回到了欧洲。

另一个推销员看到后却惊喜万分："这些人都没有皮鞋穿，这里的皮鞋市场大得很呢！"于是他想方设法引导非洲人购买皮鞋，最后发了大财。

# 4. 不如人？你只是错过了成就伟大的机会

大多数认为自己贫穷的人其实身边并不乏机遇，然而他们往往却忽视了关于自身的无限可能，也忽视了能够成就伟业的机会。

人们发现，在辽阔的东部城市，至少有百分之九十四的人的第一桶金来源于他们的家乡，源于近在咫尺的地方，源于每天日常的需要。这对于那些无视身边机遇，却一味好高骛远的年轻人来说，无疑是当头一棒。曾经有几个巴西的牧羊人组织了一个前往旧金山淘金的团队，为了打发旅途枯燥的时光，他们随身携带了一把鹅卵石当作跳棋子使用。直到他们到了萨克拉曼多之后才发现，这些鹅卵石其实都是钻石。他们急忙赶回家乡，却遗憾地发现钻石矿早已被他人接管卖给了政府。

内华达州最为富饶的金银矿曾以四十二美元的价格就被其原主人出售了，而他之所以卖掉这片土地，是为了攒够去另一个他认为可以使他家财万贯的金矿的旅费。

◆

阿加西斯教授给哈佛的学生讲述过这样一个故事：有一个农民，他拥有上百亩只有枯木和岩石却无利可图的土地。因此他决定卖掉这片土地另外想些可以赚大钱的法子。

他对煤层以及煤和石油的矿藏展开了深入的研究，并进行了长期的实验。他以两百美元的价格卖掉了自己的农场，辗转到远离家乡三百千米以外的地方从事石油生意。然而极为讽刺的是，买下他的农场的人不久就发现，这片土地之下隐藏着大量的煤炭石油矿藏，而当初那个农民就这样愚昧地错失了良机。

◆

在波士顿曾经有一个男人，坐在一把很不舒服的椅子上跟朋友大谈他该如何帮助全人类。而他的朋友淡然答道："或许你应该从买一把更便宜、更舒适的椅子做起。"

"我会去做的，"他大声说着，跳起来去检查那把椅子。他发现一大堆被东印度公司商船扔掉的藤条，那些藤条是用来包裹货物的。他开始生产藤椅和其他家具。整个世界震惊于他用那些以前被人扔掉的废品制造出来的东西。在人人梦想着遥不可及的成功的时候，他已经拥有了一笔财富，而这需要的只是他的才智和勤勉。

◆

如果你想要变得富有，就要了解你自己，你想要什么。你会发现成千上百万的人也有同样的需求。最保险的投资总是和人们最主要的需求联系在一起的。他们需要衣服和居所；他们要吃饭。他们需要舒适，还有各种设施来满足他们对实用、享乐、奢侈、教育和文化的需求。任何人，只要他能满足一大群人的需求，改善人们的生产生活方式，为人类的福祉作出贡献，就能创造财富。

◆

缺乏观察力和不愿吃苦是生活前进和提升路上的最大障碍。敏捷、训练有素的观察力能让人在贫穷的地方看到财富。一个观察力敏锐的人鞋眼掉了出来，但是他买不起新鞋。于是他对自己说："我会弄一个金属的鞋眼，这样它就能被钉到鞋皮里了。"他这样做成了，所以他现在是个很有钱的人。

◆

新泽西州纽瓦克市有个观察力很敏锐的理发师傅，他觉得他能改进剪发的剪刀。他发明了理发剪，然后变得非常富有。一个缅因州的人在干草堆里给他残疾的妻子洗衣服。他以前从来不知道该怎么洗衣服。他发明了洗衣机然后赚了一笔钱。一个人牙疼得厉害，他对自己说："我要找些东西来填上牙洞，这样就不会痛了。"他发明了金属填充补牙法。

◆

伟大的事物从来都不是伟大的人创造的。需求是人类最伟大的导师：需求是所有伟大发明的母亲。约翰·埃里克森在洗手间里发明了螺旋桨；约翰·哈里森在旧仓库的阁楼上发明了航海精密计时器；一部分最初在美国航行的蒸汽船是菲奇在宾夕法尼亚州一所旧教堂的法衣室里发明的；麦考密克是在磨坊里发明他的收割机的；最初的干船坞是在一个阁楼里做出来的；马萨诸塞州伍斯特克拉克大学的创始人克拉克是靠在马棚里制造玩具四轮马车来致富的。

## 5. 不要觉得你没机会是因为缺乏原始资本

机会就在我们身边，它自然希望被人们所利用，就像长久以来闪电希望触发人类对发电的灵感。它会完成它的工作，发挥它的力量。

首先，找出人们需要什么，然后去满足这份需求。发明让烟雾在烟囱里倒流的方法很有独创性，可是对人类没用。华盛顿的专利局里全都是绝妙的装置和独创的机械。其中只有不到百分之一的发明是对发明者或者对这个世界有用的。可是还是有无数的家庭，因为家中男性劳动力在捣鼓没用的发明而一贫如洗，在需求和痛苦中挣扎。这些人没有明白人类的需求。A.T.斯图尔特，在小的时候买卖一些没人需要的针线赔了一美元五十分本钱里的八十七分。从那以后，他立了一条规矩，永远都不买别人不需要的东西。

◆

据《波士顿先锋》报道，一个年轻人，到一个城市落脚，首先要做的就是做一个对雇主有用的人。不管他在家里如何，在他展现出自身才华之前都无关紧要。如果他逃避工作，无论他怎样谦卑，工作都会避开他。但是一个想要在世界上闯出名堂来的年轻人，只要他无论收获报酬与否，都不怕展现自己最佳的面目，他很快就会找到如意的工作。当他们展现出自身价值时，他们就会有足够的空间，然后进展就很快了。

不要觉得你没机会是因为缺乏原始资本。很多有钱人在开始的时候都很穷。如果你有资本的话，你反而会一事无成。你的优势，只能是你赢得的、已经成为你一部分的东西。据估计，不到万分之一的有钱人的儿子会有一个富裕的晚年。每一个人都有原始资本，我们生而富有。健康，身体健全，肌肉发达的人是富有的；有聪明的头脑，良好的品性，善良的心地的人是富有的；有健全的双手，每只手握有五个希望的人是富有的。只要拥有健康的身体和心灵，他就是幸运的。因此，你并不缺少原始资本，缺少的只是努力。

## 6. 用你的努力，去赚取你想要的人生

“啊，如果我能把梦想画在帆布上就好了！”一个充满热情的年轻艺术家指着一幅漂亮的画叫道。“帆布上的梦想！”主人吼道，“你要学会上万次将笔刷在帆布上，这才是成全你梦想的东西。”

“就算弥尔顿的想象能成为他的双眼，”华特斯说，“还是他无上的勤劳才能谱写出让世人铭记的诗句。就算牛顿的心灵能触摸到自然的秘密，就算他有天赋，他也只能用勤奋的工作来取得成功。培根的作品不是仲夏夜之梦，但是就像珊瑚岛一样，它们是从真实的深处生出，一丝一毫的生长都是靠持续的工作，直到它们在海面上形成宽广的表面。米开朗琪罗的概念如果没有勤奋给予它们支撑的话，可能会像夜梦一样消散。”

◆

萨尔维尼把以下的文字写进《世纪》中，这是在他成为悲剧大师前的习惯。“我让自己尝试一种新的学习方法。在我忙着写索尔那部分的时候，我重读了圣经，这样我就被恰当的情

感、方法和地域色彩浸染了。在我写奥赛罗的时候，我研究威尼斯共和国还有摩尔人入侵西班牙的历史。我研究摩尔人的激情，他们的战争艺术，他们的宗教信仰，当然我也没有忽略辛提欧的浪漫，这都是为了掌握令人崇敬的人物性格。我不担心用词遣句、场景的效果或者是为了赢得掌声而刻意强调一些词句这些表面的东西；我眼前有更宽广的视野——我的小船能在无尽的海洋中安全行驶，我不用担心会触礁。”

◆

很多年前，一个小男孩进入哈罗公学，读了超出他水平的一个年级。在那里，其他男孩都受到前期的教育所以占尽优势。他的老师曾经指责过他的迟钝，但他所有的努力都不能让他成绩提高。他最终拿到了其他孩子学习过的初级教材。他花掉大部分玩耍和睡觉的时间来掌握书中的基本法则。这男孩很快就成了班上第一和哈罗的骄傲。威廉·琼斯爵士的雕像现在就伫立在圣保罗大教堂里，因为他在有生之年成为了欧洲最伟大的东方学者。

◆

“什么是事业成功的秘密？”康内留斯·范德比尔特的朋友问他。“秘密！这没有秘密。”这位海军准将说，“你要做的就是照管好你的事业然后继续前进。”如果你要采用范德比尔特的方法，那就了解你的事业，照管好它，节省开支，直到你的财富安全规避商业风险。

“工作或者挨饿”是自然的法则，在天上和地上都是一样的——精神上挨饿，道德上挨饿，肉体上挨饿。这是自然无情的法则，谁不能适应谁就只有死亡。如果我们选择虚度光阴无所事事，我们一定会没有勇气也没有力量。

伟人们的格言给我们带来一些他们性格和成功的启示。“工作！工作！工作！”是乔舒亚·雷诺兹爵士、大卫·维基和很多在世上留下印记的人的格言。

伏尔泰的格言是“一直工作”。

斯科特的格言是“永远不要无所事事”。

米开朗琪罗是个伟大的工作者，他甚至穿戴整齐地睡觉，以便他一睡醒就跳起来工作。他在卧室里放一块大理石以便在他睡不着的时候起来工作。他最喜欢的作品是一个在推车里的老人，旁边还有一个沙漏，上面刻着“我仍在学习”。就算是在他瞎了以后，他都会叫人把他推到贝尔维迪尔雕像前，用手“检视”雕塑。

科布登曾经说过：“我像一匹马一样工作，一刻也没空停歇。”

据说作曲家汉德尔一个人做了十几个人的工作。没有东西能吓到他。他不怕嘲笑也不怕失败。帕莫斯顿勋爵在晚年也像个奴隶一样工作。当被问起他认为人的黄金年龄是几岁的时候，他说“七十九岁”。那是他自己的年纪。

洪宝德是世界上最伟大的工作者之一。夏天，他凌晨四点就起床，三十年如一日。他说过工作就像吃饭和睡觉一样必要。华尔特·斯科特爵士是个惊人的工作者。他以一年十二本的速度写了《威弗利故事集》。在他的工作生涯中，他平均每两个月就写出一部作品。

◆

德怀特总统告诉莫斯说他不可能成为一个画家，还暗示道如果他不再学习的话他将一事无成。虽然在伦敦西方和奥斯顿学院学习之后他成了一名合格的肖像画家，但是直到他坐帆船从英格兰回来，他都没有找到自己真正的归宿。在帆船上，他听见杰克逊教授说起巴黎的电力试验。电报这个想法在他脑中形成之后他就再也不能休息了，直到1844年4月24日他通过巴尔的摩和华盛顿之间的试验线路成功发送了第一条信息——“上帝做了什么！”

没有一个白手起家的百万富翁是放纵的。通过辛勤工作、克己、节约、正确的方法、精确和节制，20世纪的亿万富翁会像现在的百万富翁一样常见。约翰·洛克菲勒从没尝过酒精饮料。他的方法论和系统性就像宇宙定律一样一成不变。杰伊·高德不喝红酒或者是其他酒精饮料。亨丁顿先生甚至都不喝咖啡。威廉·华道夫·阿斯特只会出于礼仪喝一小口红酒。就他们的承诺而言，几乎所有有钱人都守诚信。威廉·华澳福·阿斯特直到最近都是世界上最有钱的人，虽然据说现在约翰·D.洛克菲勒超过了他。克里萨斯王所有的财富加起来也只比现代的克里萨斯一年的收入多一点点而已。洛克菲勒先生控制着标准石油托拉斯八九千万的股权。标准石油集团是世界上管理最好的公司之一。

二百二十五年前，一艘遭风暴侵袭、经风吹雨打、差点就毁在大西洋手里的小船在新英格兰最荒凉的海岸登陆。一百零一个疲倦的流放犯下了船。

对于无心的人来说这没什么了不起的。世界鄙夷的眼光甚至不屑于屈尊去看到这件事。但是，这是和运载了凯撒大帝财富的著名船只相媲美的臭名昭著的五月花号。虽然奸诈的海员将船停在了最荒芜最不适宜拘留的海岸，他们没找到肥沃的土地或是怡人的气候，却找到了自由和机遇。

◆

一位女士曾经问过特纳他成功的秘密。

“我没有秘密，女士，我只有辛勤工作。”

“这个秘密很多人都没有了解过，他们失败就是因为没有了解这个秘密。劳动是将世界从丑陋改造成美丽，将诅咒变成祝福的天才。”

◆

罗马在勤奋领导着她的人民的时候是个强大的国家，可是当对财富和奴隶的征服凌驾在勤奋之上时，荣耀时刻开始褪去。被懒散引来的罪恶和腐败让这个骄傲的城市成为历史上可耻的一笔。罗马伟大的演讲家西塞罗都说：“所有的工匠都加入到可鄙的腐败中了。”亚里士多德说：“管理最有效的城市不会让机器成为市民，因为一生都像机器或者仆人一样工作的人不可能活在美德当中。有些人生出来就是奴隶。”但是，还有比罗马更强大的国家。西塞罗和亚里士多德，他们用伟大的生命给劳动解禁，把人民从堕落中救赎。他把尊严给了最卑微的工种，把意义赋予工作。

◆

哥伦布是个坚持不懈、务实又有智慧的英雄。他从一个州到另一个州，劝说国君和帝王率先开始探索世界。在他受过教育的脑海中，他已经能看到遥远海外的新世界了。他先去找热那亚的同乡，不过没有一个人愿意帮他。然后他到了葡萄牙，把他的方案拿给约翰二世看。不过在审议之前约翰二世就把计划搁置了。他的计划被嘲笑成是浮夸荒诞的。但是，这个国王想要窃取哥伦布的灵感。一艘舰艇被派往指南针指出的方向。但是，被风暴和强风阻挡，舰艇在四天的航行后回到了里斯本。

哥伦布回到热那亚，重新把他的提案提交到共和党，但是没有成功。没有东西能让他沮丧。发现新大陆是他生命中不可改变的目标。他到了西班牙安达卢西亚的帕洛斯。他偶然路过方济会的修道院，他敲门进去求院长给他一些面包和水。院长很欢迎这个陌生人，给他吃的，听他说他的故事。他鼓励哥伦布坚持他的梦想，还给了他西班牙法庭和科尔多瓦的准入证。费迪南国王礼貌地接见了他。不过在做决定之前，他希望能让萨拉曼卡最有智慧的人组成的委员会审查一下这个计划。他们说地球是一块广阔的平面；如果在海洋以外还有新大陆，那么人类就不可能起源于亚当了。哥伦布被认为是一个蠢货。

仍然相信自己的理论，哥伦布写信给英国、法国国王，都没有用。最后，在1492年，圣路易·安赫尔把他引荐给西班牙伊莎贝拉女王。陪同他的朋友们用强大的魄力和理据宣传他的理论，最终说服了女王去帮助他。

◆

一个有钱人请霍华德·博内特给他的相簿做一些修改。博内特照做了，收费一千法郎。“但是你只花了五分钟。”那个有钱人抗议道。“是的。不过我用了三十年来学习怎样在五分钟内做好这件事。”

“我在半个小时内准备好那篇布道文。”一个年轻的神职人员说，“然后我马上去布道，再也不想关于它的事。”“这样的话，”年长的牧师说，“你的听众就和你一样了，因为他们也都不再想关于它的事。”

维吉尔看起来一个星期只写四行诗；可是它们流传了一千八百年，而且还将流传一千八百年。

据说维吉尔花了七年时间专注在田园诗的创作上，它们印在普通报纸上只需七栏。按照惯例，他会在早上写几行诗然后用一天中剩下的时间去修饰它们。康贝尔说过如果一个诗人一周能写出一行好诗，那他就非常优秀了。但是摩尔认为，如果一个诗人履行了他的职责，那他每天都能写出一行诗来。

每年都有一大群年轻人作为新手进入到这成功竞赛中来。很多人都是来自乡村，涌进城市去寻找财富。他们的雄心可能是被一本书，或者一个标志性人物的成功激发出来的。他们梦想着成为阿斯特或者是吉拉德，斯图尔特或者是沃纳梅克，范德比尔特或者是高德，林肯或者是加菲尔德，直到他们天生的精力激励他们在魔幻都市中寻找自己的财富。但是年轻人，你愿意为所谓的“成功”付出什么代价？你有没有明白对于19世纪的大城市来说这个词意味着什么？那时候人们三十岁头发就变白，四十岁就老死。人口变得十分稠密，摩肩接踵。停下来系个鞋带的人都很悲哀。你知不知道一百个人里面只有两三个能取得成功，只因为他们永远都在努力。其他人迟早都会失败，还有很多人会死于贫困，因为他们放弃努力了。

有很多人并没有完全依靠自己去取得独立。他们像夏日的藤蔓，不会长成木材，只会伸出上千只手去抓住更强壮的灌木。如果它们够不到灌木，它们就会在草地上枯萎，被人用脚踩，被风暴摧残。前进的第一步在每一个人都稀松平常的坚决克己和懒散被掌握之前，都不会迈出。需求是让懒散的身体开始行动的动力。因此，贫穷作为让我们做到最好的刺激，常常有不可估量的价值。

# Part 2

# 倾尽全力：用你的努力，去赚取你想要的人生

要做得好，就得全力以赴。

——波斯谚语

我们的要义在于，不要去眺望模糊不清的远方，而要去做好实实在在握在手中的事情。

——卡莱尔

## 1. 不拼一次，没人替你成功

1845年5月的一天早晨，农场里的那匹老马被套上了一辆旧的四轮马车，父亲和我穿着节日盛装，动身前往伍斯特市。我们的目标是为我谋得《伍斯特报》广告上提供的职位，广告内容如下：

招聘男孩

急聘一名健康男孩，在报社工作，要求能做粗重工作。

伍斯特报，5月7日。

薪水方面，第一年是三十美元，第二年是三十五美元，第三年是四十美元，包食宿。这些条件我都能接受，于是，第二天我就开始工作了。报纸就是平常的四页纸。我很快就明白了，对报纸来说，“粗重的工作”就是指在“华盛顿”牌手动操作印刷机上印刷。这份报纸是周报，每期大约两千份，需要两个人每人十小时地换班做。外页的印刷一般都是在星期五完成，我会忙碌一整天。内文是在星期二下午三四点钟的时候送去印刷，我一直要到星期三凌晨三点之后，才能从繁重的工作中解脱出来，拖着疲惫的身体，一瘸一拐地去睡觉。此外，我还有一项艰苦的工作，就是从前面入口处的大石块后面的水泵里打水，然后提着水上两层楼梯。通常这都是我每天的工作。最初，我是所有人的用人。被人随意辱骂、起各种绰号，还要打扫办公室，冬天的时候要去生火，总之别人吩咐我的事都要做。实际上，我过的就是印刷厂学徒工的生活。后来，当他们看到我已经学会了排字和操作印刷机时，我就得到了提升，他们又雇用了一个男孩接替了我的工作，当然也包括所有的苦役。那是我的第一次成功。从那天起到现在，我从未向任何人要求过一份工作或一个职位，也从未用过一封推荐信；但当我想要得到一份重要工作的时候，我会通过各种途径让那个雇主了解我的能力和性格。如果一些年轻人很容易气馁的话，我希望他们可以通过我的故事获得鼓励和力量。起步的时候，路会很漫长、艰苦，但就像在海上航行的船一样，你必须向着你希望着陆的地方设定航程，并充分利用所有对你有利的情况。

◆

“不要穿着奇装异服在镇上走来走去。你去杂货店给我买点东西。穿整齐一点，霍勒斯。”霍勒斯·格里利看着他自己的衣服，好像从未发觉它们是多么破烂一样，回答说：“斯特雷特先生，我父亲去了一个新的地方，我想尽量帮他。”在七个月里，他在个人开支上只花了六美元，但是他在《伊利公报》工作，从J.M.斯特雷特法官那里得到了一百三十五美元。他只留下十五美元，把剩下的全给了父亲——他和父亲从福蒙特州搬到了宾夕法尼亚州。很多个夜晚，他在野外露宿，帮父亲保护羊群不被狼吃掉。他快二十一岁了，虽然他既高又笨拙，相貌平平，但他依然决定在纽约寻找财富。把一包衣服和一根手杖甩到肩上，他穿过丛林，走了一百千米到水牛城坐运河船到了奥尔巴尼，然后坐货船到了休斯敦，最后在1831年8月18日天刚亮的时候到达纽约。

霍勒斯在街上游荡，走进各栋大楼询问他们要不要“一个帮手”，可是回答他的都是“不需要”。他奇异的长相让很多人觉得他是个逃走的学徒。一个星期天，在他寄宿的地方，他听说西部印刷公司需要印刷工人。他凌晨五点就到了公司门口，七点的时候问领班需不需要招工。领班并没有相中他，不过他说："找点事让他做，看看他到底行不行。"当店主来的时候，他不想要这个新人，于是吩咐领班让他做完今天就离开。就在那天晚上霍勒斯证明了一整天下来，他做得最多、最好。十年间，霍勒斯成了一家小型印刷公司的合伙人。他创办了《纽约客》——美国最好的周报。1840年哈里森被提名为总统候选人的时候，霍勒斯开办了《木屋报》，销量达到九万份。但是一分钱的价格让他无法获利。他的下一个投资是《纽约论坛报》，一分钱一份。开始的时候他借了一千美元，第一期他印了五千份。要把它们都卖出去很难。他从六百位订购者开始，然后把这个数字在六周内提高到了一万一千。

◆

1853年，在纽约世界博览会上，皮尔斯总统看到一个年轻人在展示一个获得专利的捕鼠器。他被这个年轻人的热情和勤奋所吸引，不过他没想到这个年轻人会成为世界上最富有的人之一。杰·古尔德展示一个捕鼠器看起来是一件小事，不过他有热情，而且做得很好。事实上他做到了最好。年轻的古尔德靠打零工养活自己，他帮农民安装一个日晷，一次收一美元，由此他经常收到木板来代替工资。这给他创造财富的事业奠定了基础。

◆

弗雷德·道格拉斯年轻的时候比什么都没有还惨，因为他的身体不属于他自己。他在出生之前就被抵押去偿还他主人的债务。他只见过他妈妈两三次。他没有机会学习，因为他没有老师，而且庄园禁止奴隶学习读书和写字。不过，避开主人的注意，他从碎纸和专利医学年鉴上学会了字母表，然后就再也没有什么能够限制他的职业发展了。他的成功使很多白人男孩蒙羞。他在二十一岁的时候逃离奴隶的生活，到北方的纽约和新贝尔福德做搬运工。在楠塔基特岛他得到在反奴隶制会议上讲话的机会。他很受欢迎，所以他成为马萨诸塞州反奴隶制社团的社员。在各处游说演讲的过程中，他拼尽全力去学习。他被派到欧洲去演讲，和几个英国人做了朋友。那几个英国朋友给了他七百五十美元去赎回他的自由。他在纽约州罗切斯特担任一份报纸的编辑，后来又在华盛顿管理《新纪元报》。后来他又在哥伦比亚特区担任执法官。他成了第一个和其他美国人比肩的人。

◆

“做过的事总能再做一次。”一个看似永远不可能成为英国首相的男孩说，“我不是奴隶，我不是囚犯，我有能力克服更大的困难。”他的血管里流淌着犹太人的血液，而且所有事情都和他作对。不过他记得约瑟的事迹，他在四千年以前成了埃及的总理。他从社会底层往上爬，成为中产阶级，再进入上流社会，直到他成为中流砥柱，镇定自若地处在政治和社会权力的顶端。被众议院反对、嘲笑、愚弄、喝倒彩的时候，他只说：“你们都得听我的日子会到来的。”那个时候确实到来了。那个除了决心以外一无所有的男孩，影响英国王权长达二十五年。

◆

“在我当二等兵、每天薪水只有六便士的时候，我学会了语法，”威廉·科贝特说，“卫兵铺位的边缘是我学习的位置；我的背包是我的书箱；我腿上的一块木板是我的写字桌。我没钱去买蜡烛或是蜡油；冬天的晚上我几乎弄不到灯光，除了轮到我的时候我可以用火炉的灯光。要买笔或纸的话我要放弃一部分口粮，虽然我已经在挨饿了。我没有属于自己的时间，我要在谈话声、笑声、歌声、口哨声和至少十个没脑子的人的吵架声里学习，因为那也是他们自由不受约束的时候。我不能看轻用来买纸笔墨水的四分之一便士。那四分之一便士对我来说，天哪，是一笔巨款！那时我已经和现在一样高了，我很健康也有充分的锻炼。每周我们每个人的花销是两便士。我记得——我当然记得——有一个星期五，我花了所有该花的钱之后，我存了半便士。我打算在早上买条红鲱鱼的。不过，晚上我脱衣服的时候已经饿得快活不下去了，我发现那半便士不见了。我把头埋在破烂的床单里哭得像个小孩一样。

“如果在这种情况下我都能完成这个任务，”他补充说道，“那么这世上还有人能找到放弃的理由吗？”

◆

“我和伟大的人物说过话，”据《麦克卢尔杂志》报道，林肯对他的同事、朋友格林说，“我不知道他们和普通人有什么不同。”

他决定在公众面前露面，他对朋友们说了他的计划。为了练习辩论他会走七八英里去辩论俱乐部。“练习辩论术。”就是他所谓的练习。

他好像是第一次学习一门科目。他选择了语法。他找到校长格拉哈姆导师，请他给自己一些建议。

“如果你要到公众面前，”格拉哈姆说，“那你就应该付诸实践。”

但是他要到哪儿找一本语法书呢？在邻近一带只有一本，而且还是在十千米外，格拉哈姆说。

这个年轻人二话不说地站了起来，马上去往十千米外的那个地方，借到了一本罕见的柯卡穆语法书。在天黑之前，他已经沉浸在书里了。那之后的几个星期，他利用自己所有的空余时间来掌握书中的知识，经常在背诵的时候叫他的朋友格林“拿着书”。当他不明白书中某个地方的时候，他会马上询问格拉哈姆老师。

林肯学习热情之高令人惊奇。格林家人借书给他，校长尽力去帮助他，连村子里的修桶匠都在晚上堆起足够明亮的火来请他来读书。不久，他掌握了语法。

“好了，”林肯对他的同事格林说，“如果这就是科学的话，我想我会去学习下一门。”

他发现了另一件事——他可以征服科学。

## 2. 人可以输在起点，却不能输在终点

乔治·皮博迪，没钱又没朋友，又累又痛又饿，进了新罕布什尔州康科德的一家酒馆，想要以伐木工作来换取一顿早餐和住宿。半个世纪之后他又来到那里，不过那时乔治·皮博迪已经是世界上最有钱的银行家之一了。毕肖普·福勒说："这是对我们这个时代最大的鼓励，平凡的人凭借不凡的努力最终到达了社会顶层。"

◆

亨德尔的父亲讨厌音乐，甚至不准乐器出现在他家。亨德尔便把一架小型立式钢琴藏在阁楼里。只要不被发现，他就抓紧每一分钟去练习，最终他丰富的音乐知识让欧洲伟大的钢琴家和作曲家吃惊。他在工作中很务实。他研究听众对音乐的品味和感受，直到他知道听众想要什么，然后他会创作出迎合需求的作品。他分析声音和声音组合对感觉的影响，然后写出满足需要的作品。他最伟大的作品《弥赛亚》，是为被囚禁在都柏林的债务人写的。这部作品的影响深远持久，据说它比布道者

更能讲道，比祈祷文更能祈祷，能改变刚愎自用的人，使无情的人变得温柔，因为它用声音讲述了一个关于救赎的美好传奇。

◆

A.T.斯图尔特刚开始的时候在纽约做老师，工资三百美元一年。他很快就辞职成了一个商人，然后取得了前无古人的巨大成就。诚信、价格公道、货到付款是他不变的原则。每一个部门都在绝对的规律和系统化管理下运行。五十年内，他赚了三千到五千万美元。他在1869年被提名为财政部长，不过当时的法律禁止商人担任这个职位。他提出辞职，或者在他的任期内把所有的利润捐给纽约的穷人。格兰特总统拒绝了这个提案。

◆

塞缪尔·约翰逊体弱多病，一耳失聪，一眼全瞎。这个年轻人不能和同龄人一起玩，因为他不把头凑到地上都看不见排水管。他读书、学习都很差。最后，一个朋友推荐他去了牛津大学，不过最终失信了，所以他中途离开了牛津。回到家不久之后，他父亲就因为破产而去世。虽然他历经各种艰难，但最终他用英雄般的坚强毅力征服了霉运和残疾，成了英国文学史上重要的诗人、教育家。

◆

伊卡博·沃斯伯恩，来自普利茅斯的穷小子，在马萨诸塞州伍斯特的铁匠那里当学徒。他很害羞，甚至都不敢在别人面前吃东西。不过他决心要做世界上最好的钢丝，还要发明一个方法来大量制造钢丝。在那个时候美国生产不了上好的钢丝。英国有一家店垄断钢丝生意长达一个世纪。但是，年轻的沃斯伯恩有决心，他一定会成功。他的钢丝成了各地的标准。在一段时期他每天生产的钢丝，要消耗十二吨的钢铁和七百名劳动力。他积聚了大量财富，其中的大部分他都捐了出去，然后将剩下的遗赠给了慈善机构。

◆

约翰·雅各布·阿斯特在十七岁的时候离开家去寻找财富。他的资本只有两美元和三个决心——要诚实，要勤奋，不准赌博。两年之后他到了纽约，在一家皮草商店工作，每周工资是两美元，包住宿。很快，他学会了做生意，然后便开始了自己的事业。他对每一桩买卖都亲自督导，他在丛林里和印第安人做买卖，甚至横渡大西洋把皮草卖给英国人，这让他很快成为美国皮草贸易的领头羊。他关于什么构成财富的理论扩展得比他的买卖还要快。五十岁的时候他便拥有了一百万，六十岁的时候已拥有数千万。他投资地产，成为当时美国最有钱的地产大亨。

美国语言学家以利户·伯里特有一本日记保存在伍斯特，有时候他会到那里去享受图书馆的特权。日记里有些条目是这样的："星期一，6月18日，头痛，读了四十页居维叶的《地球理论》，六十四页法语书，十一个小时打铁。星期二，6月19日，读了六十行希伯来语，三十页丹麦语，十行波西米亚语，九行荷兰语，十五颗恒星的名字，十个小时打铁。星期三，6月20日，读了二十五行希伯来语，八行叙利亚语，十一个小时打铁。"他会十八种语言和三十二种方言。他被人们称为"学识渊博的铁匠"，爱德华·埃弗雷特对这个本来没有机会学习却学识渊博的人评价说："那些有好机会学习的人都该感到羞愧。"

◆

"我出生在贫困之中。"美国第十八任副总统亨利·威尔逊说，“需求从摇篮时期就开始跟随着我。我知道在母亲没有面包的时候问她要面包的感觉。我十岁就离开了家，做了十一年学徒，每年有一个月的学习时间，在十一年艰苦工作结束的时候，我得到了一头牛和六只羊，这些牲畜给我带来了八十四美元的收益。我没有把这些钱花在娱乐消遣上，我把每一分钱算到从我出生到现在二十一岁的每一天上。我每天天不亮就起来工作，每一美元对我来说都很珍贵。”

◆

“很多农民的儿子，”瑟罗·韦德说，“在伐木工作间隔时段发现了提高智力的最好机会，这至少是我个人的经验。晚上你只需要灌满水壶还有不让火炉熄灭，因为木材已经在天黑之前就已经砍好了。阳光洒在门前，我们常常会躺在树下，把身体扭得跟蛇一样。我度过了很多愉快的阅读之夜。我记得其间我读到一本关于法国大革命的书，从中更清楚地了解了其中的事件和恐怖，还有这场国家惨剧中的人物。我还记得我长途跋涉三十多千米从凯斯先生那里借到书的时候是多么高兴。”

◆

“那个小伙子迟早会打败我们。”这是一个商人曾经对“百货商店之父”约翰·沃纳梅克的预言。这个预言对推着一手推车的衣服走在费城路上开创事业的年轻人来说真是不得了。这个年轻人有一种不屈不挠的征服者气度，几乎没人能控制住他。格兰特将军对乔治·W.柴尔斯说：“沃纳梅克先生能控制一支军队。”他的活力、手段、勤恳、经济头脑和高尚的道德情操吸引了哈里森总统，将他任命为邮政大臣。

◆

W.O.斯图达德在他的《实业家》里说到一个关于利兰·斯坦福的故事。利兰·斯坦福，十八岁的时候，父亲买了一块儿林地，不过没办法按他所想把林地清理干净。他跟利兰说，只要他能把树木都清空，他可以用那些木材做他想做的事。有个新集市专门买卖原木，利兰就拿了他积攒的钱请了几个伐木工人来帮他，然后卖了两千根原木给莫霍克和哈德逊河流铁路，挣得净利润两千六百美元。然后，他用这笔钱开始学习法律，并一步步走向成功。

◆

据说本杰明·富兰克林对每一个年轻人都充满憧憬。他离开学校的时候只有十二岁。开始的时候除了读书他基本什么都不做。然而，他很快发现，读书本身不能让他成为有教养的人，所以他马上将这发现付诸行动。在学校的时候，数学是他最头痛的一门课程，所以他离开学校的时候对数学几乎一窍不通。他十四岁的时候开始第三次钻研柯克尔的数学书。虽然它在学校里让人迷惑，可是再次研究时却让他意外感到轻松愉快。之后，他又读了一本关于航海的书。这本书涉及了几何学的基础，让富兰克林尝到了“数学无尽的魅力”。最终，他选择了写作这条路，并且他超越了同时代的多数人。

◆

美国历史上著名的政治家亨利·克莱是一个寡妇的七个孩子之一。他母亲很穷，只能送他到乡村学校里去读书。他用所有空余时间来学习，即使没有老师。之后，他成了自学成才的人里的佼佼者。

最成功的人，是能战胜困难、不利条件和挫折的人。

## 3. 把一件事做到极致，你就会看到脱胎换骨的自己

在美国纽约州有座村庄。一天，有个木匠来到一个铁铺，对铁匠说："帮我打一把最好的锤子，做出你能做到的最好的那种。""我做的每一把锤子都是最好的，我保证。"铁匠戴维·默多自豪地说，"但价钱会很高，你愿意掏吗？""愿意。"木匠说，"我需要一把好锤子。"

取货时，铁匠默多交给木匠的确实是一把很好的锤子。这位木匠做木工已有十多年了，用过不少锤子，但要数这把最好！尤其值得称道的是，锤子的柄孔比一般的要深，柄可以深深地嵌入其中。这样，使用时锤头就不会轻易脱柄了。木匠对这把锤子相当满意。

回到工地后，他到处向同伴们炫耀他的新工具。第二天，和他一起做工的木匠都跑到铁铺，每个人都要求定做一把一模一样的锤子。这些锤子很快被工头看见了，于是，工头也来铁铺，要给自己定做两把，而且要求要比前面定做的锤子都好。

"这我可做不到。"默多说，"我打制每个锤子的时候，

都是尽可能把它做得最好，我不会在意谁是主顾。”

后来，有家五金铺的老板听说了这件事，便到默多这里定做了两打锤子。很快，纽约城里的一个商人在经过这座村庄时，看到默多为五金铺老板打制的锤子，便强行地把它们全部买走了，还另外给默多留下了一张长期订单。

在工作过程中，默多总是想方设法地改进铁锤的每一个细节，从不因为手里握着的只是一把铁锤而疏忽大意。尽管这些锤子在交货时并没有什么合格证或质检标签，但人们只要在锤子上见到“默多”这两个字，就会毫不犹豫地买下它。

于是，在这个很不起眼的乡村小镇里诞生的小铁锤，慢慢地成了美国乃至全世界的名牌产品，而默多也凭借这些铁锤成了一名富翁。

每一把默多铁锤都是最好的，所以默多铁锤畅销全世界，默多总是专注于把每一把铁锤做到最好，所以默多成为了富翁，还受到世人尊敬。

“讲这个故事的时候，”帕顿说，“其实我已经讲了成千上万个故事了。把故事里的‘锤子’去掉，代入‘胶水’，这就成为了皮特·库珀的故事了。通过代入其他不同的词语，你可以讲述每一个能够辉煌三十年的伟大商人致富的故事。”

◆

“我们没有秘密。”威尔士钢铁厂的丹尼尔·J.莫里尔经理说。这个钢铁厂在职员工有七千人。“我们一直致力于不断超越上一批货。这就是我们的全部秘密，我们也不在乎谁知道了这个秘密。”

“我从不在意我能造多便宜的机器，我只在意我能造多好的机器。”已故的约翰·C.威廷曾对一个抱怨一款棉花机器价格昂贵的人这样说。诺斯布里奇对其产品质量的绝对自信，让人们相信“威廷制造”。所以，全心全意投入到你的工作中去吧，你会得到莫大的回报。

◆

“做事精确的小伙子总是讨人喜欢的。”塔特尔总统说道。如果一个木工一定要站在短工的身边来监工，或一个收银员非要仔细检查记账员本子上的每一栏，那比起自己亲自去做还累，还不如自己来做。

◆

“吉拉德先生，你能帮帮我，给我点工作做吗？”约翰·史密斯问道，他之前曾为吉拉德这个大银行家工作过，并且他的工作情况也曾受到关注。“帮帮你？找工作？你想要工作？”“是的，先生。我已经很久没工作了。”

“那好吧，我给你一些工作吧。你看到那边的石头了吗？”

“是的，先生，我看到了。”

“很好，你去把那些石头搬来放在这里，听得懂吗？”

“听懂了，先生。”

“你干完的时候，来我的银行找我。”

史密斯很快完成了他的工作，向吉拉德先生报告，并且希望能得到更多的工作。

“啊，你想要更多工作？很好，你把那些石头搬回原来的地方吧。听得懂吗？搬回到原来的地方。”

“听懂了，先生。”史密斯再次完成了工作，等着吉拉德先生给他酬劳。

“啊，工作都完成了？”

“是的，都完成了，先生。”

“很好，我该付你多少钱呢？”

“一美元，先生。”

“你很诚实，你没有想着从中额外得利。好了，这是你的钱。”

“还有其他我能为您效劳的吗？”

但当第四次被要求“把石头搬回去”后，史密斯如约而至，吉拉德诚挚地对他说：“史密斯先生，你将成为我们的一分子。你工作投入，又努力，从不置疑，不捣乱。”

几年以后，史密斯先生成为费城最富有和最受人尊敬的商人之一。

做事一定要做完，绝不能半途而废。完完全全地做完一件事的习惯，对一个人的影响是不可估量的。大自然完完整整地完成每一片小树叶的创造，细致到每一根叶柄、每一寸边缘和每一丝叶茎，那么的准确和完美，好像每片叶子都是唯一的。就连开在人眼无法看到的山巅之花，大自然也将它们创造得那么完美，那些花儿的姿态、外形，呈现出无瑕的美丽，好像是种在女王的后花园，专为达官显贵所欣赏而创造的一般。“精诚至善，有始有终”，每一个年轻人都应该把它当作自己一生的座右铭。

◆

“您是如何在您的职业里取得这么卓越的成就的？”曾有人问英国著名画家乔舒亚·雷诺兹。

“遵循一个规则就行了，那就是，把每张画都画到最好。”他这样回答。

养成精益求精的习惯是振奋人心的。没有什么时候是比你在学着变成一个精致的人的时候更能使你进步的了。你为此付出的努力会带给你巨大的力量。亚瑟·赫尔普斯曾说：“除了谦逊这个品质之外，我不知道在世界上还有什么是比做事精益求精更加珍贵的东西了，而且这个品质是可以被教导而后天养成的。如果把世界上粗犷的语言放在天平一端，而把精致的语言放在另外一端，那么与后者相比，前者就如同烟尘般无足轻重。”

许多年轻人带着一种倦怠的、三心二意的态度开始工作，潦草度日。这样做的结果就是，他们既不能激发出上司对他们的欣赏，也不能使上司对他们产生信心，并且切断了通往成功的每一个机会。做事拖拖拉拉、敷衍马虎永远不能使人进步，更不会使人成功。他们没有全力以赴地完成任务，相反的，他们只是浅尝辄止，就像他们的人生信条所说的，做最少的工作，过最安逸的生活。查尔斯一世的伟大内政长官——斯特拉福特的信条却只有一个词：“全力以赴”。还有人曾评论希西家王：“他做每一件事，从一开始，就全心全意地去做，所以他成功了。”

◆

一个刻石匠正在耐心地雕刻着一块石头，他用尽他所有的技能雕刻出一小片蕨草。经过不断的雕刻，他的师父终于称赞他“干得不错”。他师父拿走了成品，又给了他一大块石头继续雕刻。他还是那么认真，从太阳初升工作到日落西山，此间他只知道他在挣一口饭吃。接着他继续在这块石头上投入他所有的技能。他一直不知道他雕刻着那些石头的用处，直到有一天，他走在街边，抬头看到艺术馆内排列在前方的石头，正是他之前雕刻的。他也不知道这些石头是做给谁的，但是建筑师们知道。当他看到他的作品成为整条大街中最美的一景时，他说道：“我很庆幸我做好了。”之后的每一天他经过那里，都会快乐地对自己说：“我做得很好。”他没有画设计图，也没有设计建造那个建筑物，并且他对自己作品的用处一无所知。但是在切割这些石头时，每一刀他都无比用心。而且，当他看到他的作品是一个宏伟建筑的一部分时，他由衷地感到快乐。

没有完成的工作不能被称为是工作，它只是一个难看的补缀。我们经常在孩子身上看到这种“半途而废”的缺陷，随着年龄的增长，缺陷也不断变大。家里到处都是只完成了一半的东西。孩童时，经常会对一件事情的开端很有热情，可过了一会儿就会感到厌倦，比如说，一个男孩，在早上充满热情地开始在花园里挖坑，但是，几分钟之后，他的热情就蒸发了。接着他就想去钓鱼。一会儿他就感到钓鱼很厌烦，就想着要不做艘小船。而当他刚准备好锯子、小刀和几片木板，他就又决定要踢球去了。当然，踢球这个活动也不会持续长久，终会转而让位给其他事情。

“我曾尝试做过的每一件事，”狄更斯说，“我都全心全意地想把它做好。我要做什么，就要投入全身心去做。”

◆

一个刚从耶路撒冷回来的旅行者，在与洪堡特的谈话中发现，洪堡特熟悉耶路撒冷的每一条街道和每一座房子，熟悉得就像熟悉他自己一样。旅行者问他距上一次访问耶路撒冷过了多久，这个年老的哲学家回答说：“我从未去过那儿，只是我六十年前就想去那儿了，并且随时准备了解它的一切。”

◆

帕斯卡，近代最伟大的数学天才，他在十六岁时写出了一篇论文，笛卡尔拒绝相信人在十六岁之际能够写出关于圆锥截面的论文，这篇论文被认为完善了法语这一门语言，就如路德通过写作完善了德语一般。他为了写好论文，花了二十天时间，前前后后修改了十三次。

◆

塔斯马尼亚号船失事那晚，船长曾命令船走北偏西六十五度方向的航道。他已经把旋涡和水流的因素考虑进去了。但是船上的二副忽视了旋涡和水流，命令舵手船走北偏西五十七度的方向。船走偏了，但是由于差异过小，船长完全没有注意到。就这样，塔斯马尼亚号船沉没了。

◆

约翰逊于1918年出生在阿肯色州一个贫寒的家庭。他曾在芝加哥大学和西北大学勤奋读书，虽然从来没有毕业，但从那时开始他获得了16个名誉学位。约翰逊开始踏入商界是在芝加哥由黑人经营的优异人寿保险公司当杂役，现在，主管着好几个庞大的公司。1942年，约翰逊以他母亲的家具作抵押得到500美元贷款，独自开办了一家出版公司。现在，这个出版公司已经成为美国第二个最大的黑人企业。它起初出版了《黑人文摘》，又出版了《黑檀》《滔滔不绝》《黑人明星》《少年黑檀》等杂志。

1961年，他开始经营书籍出版业务。到了1973年，他又扩大了业务，买下了芝加哥市的广播电台，经营起新潮女性化妆品。约翰逊谈到他关于苦干成功的观点时，谦逊而诚恳地说："我的母亲最初给了我很大的启发和鼓励。她常常对我说的是，'也许，即使你勤奋地工作也一事无成。但是，如果你不去勤奋工作，你就肯定不会有成就。所以，如果你想要成功的话，就得冒这个险！问题总是有办法解决的，要去研究。要百折不挠，要不断地去研究、去想办法。’”

他到芝加哥去上中学的时候，就开始为获得成功而奋斗了，“我没有朋友，没有钱，由于穿的是家里自制的衣服而被人讥笑。我说话有很重的南方口音，孩子们也拿我的罗圈腿取笑我。所以，我不得不用一种办法在他们面前争口气，而且我只能采取这样一种办法，那就是成为一名成绩优异的学生。

“我用功学习，取得很高的分数，还去听如何讲演的课。戴尔·卡耐基写的那本《处世之道》，我看了至少50遍。班上的同学除我之外，都不敢高声发言。我读了一本关于演讲的书，按书上说的办法对着镜子反复练习说话。由于我做了一些演讲，同学们选我当了班长。我后来又当了学生会主席、校刊的总编辑和学校年刊的编辑。”

1943年，约翰逊办起一家小出版公司的时候，发生了一件戏剧性的事情。当时，他想为他办的《黑人文摘》做宣传，以便扩大发行。“我决定组织一系列以‘假如我是黑人’为题的文章，请白人在写文章的时候把自己摆在黑人的地位上，严肃地来看这个问题，考虑假如他处在这种地位上会实实在在地做些什么事情。”约翰逊回忆说，“我觉得请罗斯福总统的夫人埃莉诺来写这样一篇文章是最好不过了，于是便给她写了一封信。罗斯福夫人给我回了信，说她太忙，没有时间写。但是，她没有说她不愿意写。因此，过了一个月之后，我又给她写了一封信。她还是回信说太忙。以后，我每过一个月就再给她写一封信。她总是说连一分钟空闲时间都没有。”

由于罗斯福夫人每次都说问题是没有时间，所以约翰逊没有退缩。“她没有说不愿意写，所以我推想，如果我继续写信求她写，总有一天她会有时间的。最后，我在报上看到了她在芝加哥发表讲话的消息，就决定再试一次。我发了一份电报给她，问她是否愿意趁在芝加哥的时候为《黑人文摘》写那样一篇文章。她收到我的电报时，正好有一点空余时间，就把她的想法写了出来。这个消息传了出去，全国都知道了。直接的结果是，这本杂志的发行量在一个月之内由5万份增加到15万份。这确实是我在事业上的一个转折点。”

他并不相信速决。“要想成功必须得去努力，有时要经过多次失败。人们来到这里，看到我这里相当壮观的场面，都说：‘嘿，你真走运。’我就提醒他们，我花了30年漫长艰苦的时间才走到这步。我是在那家保险公司的一个小房间里起步的，然后搬到了一所像储煤仓一样的小屋子里。我一件事接一件事地干，最后才到了现在的地步，而不是一开始就是这样。我觉得应该像一个长跑运动员那样，不断向前，千万不要半途而废。”

## 4. 只要专注于某一项事业，就一定会做出使自己感到吃惊的成绩来

“它叫得跟火车头似的，”一个管抽水机的小伙子说，“他像蒸汽汽车一样鸣叫，声势很足，却哪儿都去不了。”

这个世界充满了他这样的人，这些人能够高谈阔论，却呆滞一隅，寸步难行。这些人没有明确目标，没有指引，荒唐度日。

◆

拿破仑成功的最大秘诀就是他能够专注做每一件事。在找到敌人的弱点之后，他命令手下的士兵如雪崩一般袭击敌军，直到能够突破防线为止。拿破仑这个例子有力地说明了专注在人生中的强大力量！他是自我的主人，他的控制力如此之强以致他能够专注地治理他的帝国，也能够同样专注在最小的细节上。他如果要说什么，必定正中要害。他不论做什么都有特定的目的，从不磨磨蹭蹭、犹豫不决。他要制订的计划也一样，他只有想做这件事时才去做。就像是取火镜把太阳光聚焦到焦

点上一样，他不论做什么都有自己的目标。

◆

四散的太阳光没有力量，但是当阳光通过凹透镜被聚拢时，它就能够融化大理石，甚至是宝石。有很多人能力非凡，如果他们没有能力去聚拢这些能力，就无法运用这些能力来解决一件事。他们不能像取火镜一般有目标，也不能综合利用他们自己的能力。多才多艺的人和全才往往是弱者，因为他们在综合利用能力来专注解决一个问题上显得无能，而只有到他们不论做什么事都能专注、专攻时，他们才能强大起来。一个人是否能够充分调动身上分散的能力来专注做一件事，是胜负的关键。太阳可能一如既往地照射着大地，永远也不会在什么地方烧出一个洞或者烧着什么东西；只有那极少数的光线聚集在一起，透过一块凹透镜，才有可能把坚不可摧的宝石化为乌有。

◆

大多数人都具有足够的能力，但是只有当人们把这些能力都聚拢，用来做一件事、达成一个终极目标时，才能够做出一番伟大的事业。

◆

“为了鼓励我培养专注的力量，”约翰·C．卡尔霍恩的一个朋友曾说，“卡尔霍恩称为了达到这个目的，他臣服在一个严格的纪律下，并且在目标达成前决不停歇，一点迟疑和踌躇都不能有。现在他已经能够做到无论做什么事，他的专注力的持续时间都可以随心所欲地延长，一秒钟也不会分心。专注做事成了他的固定习惯，不论是在独自步行或乘车时，还是在思考问题的时候，直到他觉得自己的专注力已经达到他满意的程度为止他都没有分散过注意力。”

◆

“一个朋友总是因为我只有一个想法而嘲笑我，”一个博学的美国化学家说道，“但同时我也知道，如果我想在墙上射出一个洞，我的枪必须持续射击一个点。”

◆

“是他的意志成就了他，”菲利普·D．阿穆尔的密友——一个芝加哥富翁说道，“他把目光聚焦在眼前的这个事情上，不论他目光的左边或者右边出现了什么东西他都不予理会。他只追求眼前这个事物，并最终追梦成功。他对他承诺做到的事情从不放弃。”

◆

“唯一有用的学习，”西德尼·史密斯曾说，“就是能够全心全意地阅读，以至于感觉晚餐时间竟比你预计的早来了两个小时，沉浸在你阅读的书籍中，以至于当有人来敲门时，你都要花两到三秒钟来确定你正待在自己的书房里呢，还是正在伦巴第平原上注视着汉尼拔饱经沧桑的脸庞、钦慕他独特的英姿呢。”

◆

“永远别随便学习些什么东西，”沃特斯说，“这样什么也学不到。拟订一个计划，确定一个目标，然后再努力。学习有关它的一切，这样你一定会成功。我所说的随机学习指的是没目的地学一些将来可能用到的知识的学习，这种没目的的学习就像一个人在拍卖会上买下一个写着‘汤姆森’名字的黄铜门牌，还想着哪天可能会用上它那么愚蠢。”

◆

“当我开始读法律的时候，我就决定了，”爱德华·萨格顿曾说，后来圣雷昂纳多也说了同样的话，“要把我读的书彻底归我所有，这本书没读完，决不读第二本书。我的很多竞争者一天读的书比我一个星期读的还要多。但过了一年，我的知识仍如初学时那般清晰，而他们的知识呢，早已经从他们的记忆中溜走了。”

英国有名的海军上将西德尼·史密斯说：“人们总是说，‘要知道一切！’但我的建议是，鼓起勇气做一个对大多数事情无知的人，这样，就可以避免成为一个对一切都一无所知的人。”

◆

很多人觉得我热衷于追求积极的生活，同时也向往一个我仿佛从未以一个学生的身份出现过的世界，他们问我："你怎么会有那么多的时间去写书？你写这些书究竟花了多少心思？"爱德华·布尔沃利顿说："我的答案可能会让你吃惊——我从来不会要求自己一次完成过量的任务。想要把工作做好，就不能让自己过量地完成任务；如果完成了过量的任务，身体就会疲劳，那么第二天便只能完成少量的任务。至今为止，可以说自从离开大学以后，我开始认真地钻研，我阅览过的图书种类和数量几乎等同于同龄人一生阅读的图书种类和数量。我云游四海，见识颇丰；我参与处理过许多政治问题，也经历过生活百态；并且，我已经出版了大约六十本书，有些书甚至需要专门的研究。所以你觉得我过去将多少时间用于学习、阅读或者是写作上了？每天不超过三个小时！当我参与议会讨论的时候，时间可能并没有这么多。但是，在这三个小时中，我对我手头的工作全神贯注。"

◆

"拥挤在我们生活之外的东西，是对我们的考验。那些不是我们喜欢的，而是我们拼尽全力所追求和争取的东西。"

“年轻人在生意上容易失败的最重要原因，”卡耐基说，“就是缺乏专注力。他们倾向于寻找外部的投资。许多令人大跌眼镜的失败都是如此。每一元钱，每一分贷款，每个商业想法，都应该只用在他唯一做的生意上。他也不应该一次次地转移目标。一个不能赚取持续增长利润的生意，即便它吸引了外部投资，也只能被认为是差劲的。‘别把鸡蛋都放在一个篮子里’这个规则不适用于工作生涯。把你的鸡蛋都放在一个篮子里然后目不转睛地关注它，这才是真理——世界上最宝贵的真理。”

◆

“一个人一定不能只渴望去做对的事情，”比彻说，“他应该直接去做。比如说，有只狮子要吃掉你，这时你不能只是渴望上帝施法弄死狮子，但事实上上帝不会那么做的，你必须自己做。如果你不做，那你就只能等死。”

◆

英国诗人约翰·弥尔顿的人生准则和他的精神的来源就是他要写出一篇伟大诗篇的坚定信念。这个灵感不是他一个人独有的，任何希望成功的诗人都可能有此想法。而把弥尔顿和一大群年轻的文学野心家区分开来的，正是他的决心和毅力。他不仅在青年时坚持他少年的理想，中年时能抵御住追求豪宅、金钱和荣誉的本能的急切，而且他在老年时也笔耕不辍，为他的坚持画上了完美的句号。是他自己——没有其他人的帮助——成就了他的人生。

◆

俾斯麦认为他生活的目标就是“将德国从奥地利的压迫下解救出来，然后把普鲁士人民聚集起来，再把北德联盟里所有思考方式、宗教、行为和利益都与‘普鲁士和谐一致’的国家联合起来。”“为了达成这个目的，”他在一次讲话中说道，“我将勇敢面对一切险境——放逐，或是上绞刑架。只要拿来绞死我的那根绳子能把新德国和普鲁士王位牢牢绑在一起，上个绞刑架又何妨？”

库珀学院是皮特·库珀在久远的1810年的某天——当他四处寻找作为一个学徒可以在晚上上课的学校时——决心要建立起来的夜校。他虽然一直在做不同行业的生意，但是他自始至终从未忘记过这个最初的目标。并且，当他的财富渐渐积累起来时，他高兴地发现他的梦想正离他越来越近。

◆

“在一个罪行看似确凿的案件中，曾看到鲁弗斯·齐奥特这样一个出色的律师。”斯托尔斯博士说，“之前，当他扫视法庭时，他发觉只有五个人同情那个犯人。当他继续游说，人数增加到了七个，然后又增加到十个，只剩下两个他认为是尚未被说服和掌控的。对于剩下的这两个人，他集中力量，总结事实，他整个人的力量就像是打铁的锤子，在铁板被敲碎之前不停不休，直到把最后一个人的心灵撞击得‘粉碎’，并且接受上诉人所希望达成的目的的上诉为止。人们事后说，‘他超越了自我。’其实没这么夸张，这只是因为他始终如一的目标使他的心变得统一而强大，并拥有压倒性的力量罢了。”“而那个陪审团主席，”惠普尔说道，“却是一个心志坚定的、实在的人，是一个具有智慧和尊严的典型代表，同时他不能够理解任何与他自己的智慧和价值观相异的行为。齐奥特先生那由事实和法律所组成的辩词，足足持续了几个小时。一个又一个小时过去了，然而他却越战越勇，没有凭借任何他之前陈述过的事实证据、推理和论点，只是不断地在重复、强调和总结。我渐渐知道了事实是他正沉浸在一个手把手的——或者说是大脑对大脑、心智对心智的碰撞，而他决心要使对手垮掉，但是对方三个小时内对他的每一个热忱阐述都嗤之以鼻。‘你这个无赖！’清晰地浮现在陪审主席官充满怀疑的脸上。但是最终，主席官脸上的表情开始松动了，脸上坚硬的线条融化成对齐奥特观点的默许，之前这个人对主席官的心智和良知进行了长达五个小时的狂风暴雨般的冲击，而现在他终于胜利了。最后主席官裁定‘无罪释放’。”

◆

“一个人若想在短暂的生命中有所作为，他必须要将十足的专注力投注在这项事业上，专注到周围的人都已厌倦，而他自己却时时刻刻乐在其中，就如疯癫了一般。”

大家普遍认为，当一个人被说成沉迷在某种习惯中，那这个人肯定是一个醉鬼、赌鬼、浪荡小子或者三者兼备了。但是沉迷其实可以分为两种：一种是粗俗下流的沉迷；另一种则是高雅精致的。一个人可以全身心地同时沉迷在不同种类的事物中，就像是恶劣、贪婪的天性能轻易做到的那样。财富和对财富的追求困住了一些人，其他的人则因为有过多的朋友而走上错的道路。所谓的“社会团体”，这些上流社交圈组织打球、聚会、招待会，还有各式各样的娱乐活动，这些活动是最浪费时间的一种了。另外的人呢，把时间和精力都花在争论政治、论战和八卦中，还有些人在音乐和什么高雅艺术中闲散度日，剩下一些人要么大吃大喝、要么节食，只因为他们的心情在走下坡路。然而，一个有坚定目标的人从不会沉迷于什么东西，不论那东西是好的还是坏的。他没有时间花在那些微不足道的事情上，他的时间都花在为实现他的绝妙目标而努力工作上了。

## 5. 伟大总是隐藏在不显眼和令人忽视的细节中

“我的行为准则是，只要做一件事，就一定要做好。”当被问到如何在艺术家云集的这片国土中脱颖而出时，法国著名画家尼古拉斯·普桑说，“我从不忽视任何事情。”

波斯谚语中说道：“现在开始着手做小事，大事就会一点点迎刃而解。”

◆

曾经有一位绅士想要雇用一名男孩做自己的助理，张贴出广告之后，共有五十人前来应聘。然而在这众多人选之中，他在很短的时间之内就选出了合适人选，打发走了其他人。

他的朋友问道：“我很好奇，你是出于什么原因选择了这名男孩呢？他任何推荐信也没有。”

“你错了，”那名绅士说，“他有很多优点，在进门时，他擦了鞋并且回身关上了门，这显示他很细心；他马上把自己的座位让给了那个跛脚的老人，这说明他善良又体贴；他进来时摘下了帽子，迅速且恭敬地回答了每一个问题，这体现他很有礼貌，举止得体；他捡起了我之前有意扔在地板上的书，并放回到书架上，而其他应聘者只是匆匆踩过它，或是把它踢到一边；在轮到他之前，他安静地等待，而非推搡和拥挤，这表明他为人正直，遵守秩序；在我和他谈话时，我注意到他的衣服都仔细洗过，他的头发一丝不乱，牙齿像牛奶般洁白；而当他写自己名字的时候，我注意到他的指甲缝干干净净，而不是像那位穿蓝夹克的帅小伙一样，指甲缝里塞满了黑泥。在我看来，这些细节不就是最好的推荐信吗？相比一摞摞的推荐信，我宁愿靠自己十分钟的观察来判断一个人的品质。”

◆

“笨鸟先飞”这似乎已经成了自然界的一大定律。所有的生命最初都起源于微小的细胞，在自然界中，没有什么是渺小的。在显微镜下，即使是一个细胞，也可以投射出整个世界。再微小的原子也适用所有的自然法则，再小的一滴水也能微缩出海洋。

◆

“我看不出这尊雕像跟上次的相比有什么改进。”一位绅士对迈克尔·安格鲁说。

“但是，”这位雕刻家回答，“我重新润色了这个部位，打磨了那里，突出了那块肌肉，使它的面容更加柔和，赋予了嘴唇部位更生动的神态和力量，诸如此类改动还有很多呀。”

“但这些都是无所谓的细节呀！”那名绅士答道。

“或许吧，”这位伟大的艺术家回答，“但正是细节造就了完美，完美可不是无所谓的。”

正是出于这份卓越的耐心，迈克尔·安格鲁才会花费一周的时间去塑造一块肌肉，就是为了使它看起来更逼真。正是这样的耐心，决定了成功与失败之间的距离。

◆

在棉纺织机发明初期，细小的棉纤维总会附在线轴上，因此人们不得不经常停下来清理线轴。这一缺点大大降低了纺织工人的工作效率和薪水。然而罗伯特·皮尔的父亲发现，有一个纺织工总是能得到满薪，他的纺织机也从来没有停工过。于是，他问这名纺织工："迪克，听人说你的纺织机总是干干净净的，是这样的吗？"

"是的，"迪克·弗格森说。

"那么你是怎么做到的呢？"皮尔问道。

"皮尔先生，我为什么要告诉你呢？"迪克回答，"这可是个秘密！如果我告诉了你，那你岂不是和我一样聪明了。"

"这样的话，"皮尔笑着回答，"我肯定会给你好处的。你能让所有的纺织机运转得都像你的一样流畅吗？"

"每一台都可以，先生。"迪克回答。

"好的，那我用什么来交换你的秘密呢？"皮尔问。

迪克回答："我在工厂期间，每天给我一瓶麦芽酒，我就告诉你。"

"成交。"皮尔回答。

迪克于是小心翼翼地趴在他耳边说："给线轴上滑石粉！"这就是全部的秘密。皮尔凭借他制作的可自动给线轴上滑石粉的纺织机，很快就一举击败了所有的竞争对手。而迪克也获得了大把的钞票——而非麦芽酒作为回报。正是他的这个小点子，甚至为全世界节省了上百万美元。

◆

生活其实是由很多鸡毛蒜皮的小事构成的。看似微不足道的选择，看似收效甚微的练习，看似无关紧要的一遍遍重复的行为——正是这些看起来微不足道的事，它们就像是一个个小雕刻师，将生活这枚粗糙的原石雕琢出不同的形状。确实，性格的形成正如艺术家雕琢石头的过程。雕刻家拿出一大块粗糙而又未成型的大理石，随后用锤子和凿子快速、猛烈地凿击，令原石出现轮廓；而在此之后，却需要几个小时，几天甚至是几年的时间来精雕细琢。从一个新手的角度来看，可能从一天到另一天并没有什么改变，因为尽管凿子每天触到雕像几千次，但每次都像是细雨落下那样轻。可即便如此，每次凿击仍会留下痕迹。

◆

在从低级到高级，从高级到杰出进阶的过程中，即便是最微小的事引起的变化也是极为可观的。如果不是因为罗马统治世界那么久，罗慕洛当初建造的罗马城可能会一直不为人知，被世人的遗忘吞没。

◆

巴拿马码头的柱子上有上百万的小孔，这些孔隙小到只有用显微镜才能看得见，但是水却会无声无息地慢慢侵蚀进小孔中，过不了多久，即使你轻轻碰它一下，它也会像被锯断一般崩塌。

◆

地衣本身是没有什么价值的，但是它们却能促进其他重要植物的生长。在死亡的过程中，地衣会分泌出一种可以分解岩石的酸性物质，从而为其他高级植物的生长提供必要的营养基础。

正是一条涓涓细流穿过河堤，引发了可怕的约翰斯顿大洪水。这场洪水横扫城市，夺走了上千条生命；正是一个英雄的高尚之举，激励了整个国家；正是一份破损的柯盾·马瑟的一篇名为《行善》的散文，改变了富兰克林的职业轨迹。

西奥多·帕克人生的转折点，在他拾起一枚石子想要扔向一只乌龟的那一刻。在他举起石头的时候，内心中有一个声音告诉他：“不要这样做。”他回到家中，问他的母亲是什么阻止了他，他的母亲回答："是你的良知。"在伟大灵魂的眼中，即使是小事也可以变得很重要。

当有人问一个孩子为什么一棵小树长歪了的时候，他回答："当它还是个幼苗的时候，有人踩了它一脚。"

◆

如果老鼠咬穿了河堤，那么一只小老鼠也可以淹没整个国家。一天，荷兰的一个小男孩发现坝底的一个小洞正有水缓缓渗漏出来，他马上意识到如果没有人来检查，裂缝很快就会越来越大。于是，在那个阴冷、潮湿的夜里，他用手堵住了那个小洞，连续几个小时都没有离开过，直至引起了路人的注意，他的名字至今都被荷兰人充满感激地铭记着。

◆

即使是美艳的海伦，如果缺少了鼻尖，也不能被称为美女；如果克利奥帕特拉矮上三厘米，恐怕马克·安东尼就不会被她神奇的魅力吸引，这个小缺陷就将改写历史。

◆

一头奶牛踢翻了酒馆里的一盏南瓜灯，这听起来不过是件微不足道的小事，但正是这件小事却曾使整个芝加哥化为灰烬，使数以万计的人无家可归。

一件偶然的小事——沙子上燃起的火，启发人们发现了玻璃这一物质。而刺刀则最初制成于法国的比约拿，一个巴斯克军团军火紧缺，于是一个士兵提议，既然弹药已经快要用尽，不如在火枪上直接装上长刀。就这样，第一把刺刀诞生了。

◆

一个小小的玩笑，却可能导致两个大国之间的战争，使得百万生灵涂炭；只不过是契约上多出来的一个逗号，却使房主连续八个月，每月都要损失五千美元；在1809年的科伦纳战役中，约翰·穆尔爵士为国捐躯，而战争的失利，是因为一个龙骑兵团在任务中途停下来喝了点水。

◆

每天都是一个缩微的生活，而我们的生活就是由每天的重复组成的。那些不惮失去一天的人，是最危险的浪费者；那些胆敢浪费生命的人，则无异于亡命之徒。你生活中的快乐是由什么构成的？都是些琐碎的小事。是些许的礼貌、小小的善意、愉快的话语、亲切的微笑，也可能是一封友好的信件、一个美好的愿望、一个善良的行为。也许一百万人中，才可能有一个人，在一生中做出过那么一次英雄之举。

◆

一位家住纽约的先生的眼睛里进了一粒灰尘，他觉得没有什么大不了的，就没有在意。当他终于意识到自己要看医生的时候，却为时已晚，医生没有办法保住他的眼睛，他的半边脸都肿了，毒素很快侵染了他的全身，一个星期之后，他就因为这粒没有引起自己注意的小灰尘而丧命了。

## 6. 今天准备好足够多的种子，明天才能收获足够多的果实

“这强健的树干有什么用？”一棵孤独生长了两百年，被风霜侵蚀、摧残的老橡树问，“为什么我会无用地伫立在这里？我的根须扎在石缝里；没有牲畜躺在我的树荫下；对于唱歌的鸟儿来说我太高了，它们很少在我的枝叶中休息；我就像是生来就等着风暴将我吹弯、将我撕碎一样；我的果实不能入口；如果我是一颗蘑菇，被穷人采来吃的话还要好一些，好过做一棵两百年的橡树，什么用都没有。”

在他还在说话的时候，一把斧子开始从树根处砍他。他在悲伤中死去，在倒下的时候说：“我活了那么久，什么都没做到。”

斧子完成了它的工作。不久以后橡树的树干和树根成了一艘大船的角撑。这艘船上插着国旗，周游世界。另一部分成了货船的龙骨和肋骨。曾经抵御山风的大树，现在也能够抵御海浪的咆哮和怒吼着的飓风的威胁。还有一部分被做成地板，或者被加工成护墙板，或者被雕刻成名贵油画的边框，或者被做

成座椅让衰弱的老人坐。因此，那棵树在死的时候并没有走到生命的尽头，而是开始了新的生命。他环游世界，他成为寺庙和房屋的一部分。他承受着小孩子轻柔的步伐和老人们蹒跚的脚步。他摇着摇篮。他在烟囱上摇晃着衰老的树枝，听着以前那些从不疲倦的、曾经在山里汹涌的风暴的咆哮。他早年的挣扎和苦难让他长得结实、硬朗，同时又和谷子一样漂亮，具有实用性和装饰性。

◆

“先生，我想你上过大学？”这个目不识丁、有些自大的布道者问牧师。“是的，先生。”这是他的回答。“虽然我没有学习过，但是我可以开口说话。”前者说。“同样的事情也发生在巴兰时期。”牧师反驳道。

为什么不让学生将所有他认为无用的科目删去？他不会把所有阻碍他享乐和自由的东西都去掉吗？无论他知不知道中国在哪里，他的茶叶都会漂洋过海来到他的手中。主谓语不一致又有什么影响呢？为什么要浪费时间去学几何和代数呢？谁记录这些东西？他们说学习毁掉一个人的经商能力。他们吝惜花在教育上的时间和金钱。他们想要给孩子又便宜、又快速的方法完成大学教育。粉饰会解决所有实际问题，不用桃花心木，只要上过油漆的松木就能做到。

据说《美国传记词典》的编辑辛苦寻找到的美国人的记录。他们发现了一万五千一百四十二名值得载入这六本编年史的成功人士；其中五千三百二十六名——超过三分之一的人——受过大学教育。四十个受过大学教育的人里有一个获得值得一提的成就，不过没受过那么好教育的人里，一万人中只有一个能取得这样的成就。所以受过大学教育的人比其他人有多二百五十倍成功的概率。据说在医学记录里，只有百分之五的内科医生是大学毕业生；但是百分之四十六出名到值得收进记录里的医生，是从那百分之五大学毕业生里出来的。只有不到百分之四的律师是大学毕业的；但是他们构成了超过一半的成功律师。不到百分之一的商人有大学学历，但是这一小部分人比其他人有多十七倍成功的概率。简单来说，大学学历的律师比其他人多百分之五十的成功概率；医生多百分之四十六的概率；作家多百分之三十七的概率；政治家多百分之三十三的概率；牧师多百分之五十八的概率；教育家多百分之六十一的概率；科学家多百分之六十三的概率。所以，你应该取得你能得到的最好、最完整的教育。

◆

赛泽说：“那些穿戴整齐、闪闪发光的年轻人只会想着他的八字须、他的靴子和闪亮的帽子；只会想着怎样漂亮容易地活过每一天；只会谈论剧院、歌剧或者快马；只会嘲笑那个忠诚的年轻人。那个年轻人是来学习经商的，他想要成为一个出色的人。因为他不会把时间浪费在放荡的生活上，他会看到成功的那一天的。如果他没用的生命不是在早些时候被恶毒的放纵生活损害，他会很乐意从现在他嘲笑、鄙夷的同事那里接受一个职位。后者会在公司里站稳脚跟、分配利润和获取财富。

◆

“到柏林去。”这是1870年7月法国军队的口号。但是让世界震惊的是，法国军队被分成两半，像潮汐一样被席卷到梅茨和色当附近。不久，两支法国军队和整个帝国都投降了，德国军队在沦陷的巴黎游行。

不过当人们彻底反思的时候，正如威尔斯教授告诉我们的，他们到这里来，发现他们打败的不是法国，而是路易斯·拿破仑和很多贵族。他们影响力巨大，只因他们有贵族头衔或者受到青睐而已。路易斯·拿破仑，徒有伟大的名字，成为国王只因那个名字。因为一连串喜剧般的意外，他在克里米亚、马真塔和索尔费利诺战争中获得荣誉。不过到了揭露真相的普法战争的时候，就像是假冒伪劣的玩具人偶遇上了真正白手起家的人。德国领袖是这样的——威廉：强壮、正直、好战，“一副国王的架势”；陆军大臣冯·罗恩，行政事务大师；俾斯麦，欧洲政治推手；还有幕僚长冯·莫尔特克，在内阁里发电报派遣军队，就像象棋大师向愚蠢的对手进攻一样容易。

宾厄姆上尉说：“你不知道德国军队有怎样精良的机器，他们的战争准备做得多么的好。一张地图展示出战争来临的时候，两个不同的国家应该做什么。所有军官的位置都提前安排好了。这张列车运行时间表会在战争打响的一瞬间取代所有其他时间表。这张表非常精确，一个军队指挥官可以随时让一个军官乘坐某一次列车到某一个地方。在普法战争打响的时候，冯·莫尔特克在半夜被叫醒，知晓了这个事实。他冷静地对叫醒他的这个军官说："在我的保险柜拿一份文件，按上面的指示发电报给帝国的不同军队。"然后他翻身继续睡。其他所有柏林人都为战争激动，不过冯·莫尔特克却像平常一样去散步。一个朋友碰见他问道："将军，你好像不把战争放在心上。你不担心情况有变吗？我觉得你应该很忙才对。"冯·莫尔特克回答说："关于这次事件的所有工作很早之前就已经完成了，能做的事现在都已经做完了。"

"这个冯·莫尔特克真是稀奇！"威尔斯教授说，"他比所有人都善于让自己做好准备迎接机遇。生长在贫困家庭，他靠自己的功绩晋升。他不向邪恶、不诚实，或者是懒散这一更大而且无处不在的诱惑妥协。他经常工作到人类体能的极限。他准备好应对所有紧急情况，这不是偶然，而是因为他用艰苦的工作让自己在机遇来临之前做好准备。他最喜欢的名言就是：'自助者天助。'普鲁士军队中和他同辈的有上千人有更好的出身，上万人有更多的财富。但是只有他用超常的忠诚和勤奋，让自己变得比他们更优秀。

"世界上最伟大的战略家花了六十六年自学才准备好迎接任务。虽然诞生在新世纪，十九岁成了军官，在1866年成为普鲁士幕僚长的时候他已经是个老人了。他在萨多瓦粉碎了奥地利军队，把他们赶出德国。四年后这个沉默谦虚的七十岁士兵，准备好迎接更大的机遇。他击败了法国，改变了欧洲地图。在五十一年的辛苦工作之后他终于收获了荣耀和陆军元帅的接力棒！难怪路易斯·拿破仑会被这样一个男人打败。”

◆

亨利·哈弗洛克爵士二十八岁的时候加入了印度军队。他一直等待，直到六十二岁的时候才遇到展现他指挥作战和制订计划能力的机会。在那三十四年的等待中，他一直忙着准备行军到勒克瑙——他以一个士兵身份成名的地方。

亚历山大·汉密尔顿说：“人们都称颂天才。所有的天才和我都是这样的：有学习目标的时候我们会深入学习它。我们日夜不停，全方位探索它。我们的心灵与它同在。人们喜欢把我们的努力所收获的果实称为天才的果实，其实这是劳动和思考的果实。”

◆

“把木桶灌满！把木桶灌满！”一位年轻牧师向他询问如

何写作布道文的时候，老贝拉米博士这样回答，“把木桶灌满！然后你在任意一处轻轻敲打，都会有丰沛的水流出现。但是如果你只在里面灌一点点水，它只会滴水、滴水、滴水，你就要不停地敲打、敲打、敲打，最后你也只会得到一道细细的水流。”

◆

林肯去做邮局局长是因为在那里他能读到很多书。他阅读了他能得到的所有书籍：《莎士比亚》《天路历程》《华盛顿传记》《亨利·克莱传记》《伊索寓言》等。他反复阅读这些书，直到他几乎可以用心复述出来。他经常从报纸和与人、与物打交道时学习一些东西。读完一本书之后他会写一篇分析。这个又高又瘦、来自荒原的学生，躺在连地板和窗户都没有的林间小屋的炉火前，在所有人都睡了之后，如饥似渴地读着他能借到却买不起的书。

“我在纽约这座繁忙的城市里花了三十年来观察年轻人的职业状况。”凯勒博士说，“我发现成功与失败的主要区别就在于忍耐力。持久的胜利常常是坚持不懈而不是一蹴而就，不管那个人有多聪明。那些容易气馁，连根稻草都能阻挡他们的人，一直都是落在后头的人。他们会消失，或者靠救济过活。‘勤奋工作’是林肯一句朴素的格言。那些能明白而且能践行的人才会取得最后的胜利。”

赢得成功比仅仅拥有成功更为卓越。在这个国家，有良好个人习惯的人，那些勤奋工作、不自私、纯粹为了追求事业的人都不会失败。

不管力量有多弱小，理性运用会让它变得强大。不管你的行动是多么笨拙，感觉是多么迟钝，思想是多么肤浅，欲望是多么难以控制，慢慢地，你可以用精确优雅和自由的行动、清晰精准的洞察力、有力而准确的思考，还有对欲望的节制来养成自律的习惯。

◆

最伟大的诗人、演讲家、政治家和历史学家——那些有着最杰出才华的人——他们付出的劳动和词典编撰者、条目汇编者一样多。他们超越常人的最显著原因就是他们付出了更多的努力。

年轻的丹尼尔·韦伯特律师又一次把附近的图书馆都跑遍

了。在一无所获的情况下他花了五十美元买了一本重要的书。他要找到权威和先例，因为他在处理一个被告是铁匠的案子。他打赢了这场官司。不过，因为委托人太穷了，他只收了十五美元。这远远不及他买的那本书的价格，更别说他花在上面的时间了。多年以后，他途经纽约的时候，艾伦·伯尔向他请教一个令人迷惑的案件，这个案件即将在最高法庭审理。韦伯特发现这个案子和铁匠的案子很相似，一个关于头衔的复杂问题。因为他以前遇到过这个问题，现在回头再看，这个问题就像乘法表一样简单。他迅速又精准地用查尔斯二世那个年代的法律和先例回答了伯尔的问题。伯尔惊讶万分，问："韦伯特先生，在这之前就有人咨询过你这个案子了吗？"

"当然没有。今晚之前我都没听过这个案子。"

"很好，"伯尔说，"继续吧。"他说完之后，韦伯特收到一笔钱。这笔钱把他在之前那个案子上花费的时间和工夫都付清了。

◆

时代需要的人——是无论世界是在鼓掌还是在嘲弄，都能咬紧牙关工作和等待的人。世界需要的，是花了三十六年在《美国历史》上的班克罗夫特；是贡献三十六年给一本字典的诺亚·韦斯特；是在《罗马帝国衰亡史》上辛勤工作四十载的吉本；是在展示他的储备、去震撼一个帝国前挣扎了四十年的米拉波；是有耐力去工作、花费五十年等待他们最初的机遇的法拉格特和冯·莫尔特克；是让他的台灯比学院里调皮的学生的多亮十五分钟的加菲尔德；是在被其他将军和政治家谴责的时候仍在史诗般的沉寂中战斗的格兰特；是用不知倦怠的毅力花费数年及巨款在铺设一条电缆的菲尔德，而那时候世人都认为他是个傻子；是花了七年在西斯廷教堂画出《最后的审判》，然后拒绝报酬，唯恐他的笔会沾染上贪婪、污秽的米开朗琪罗；是花费七年在《最后的晚餐》上的达·芬奇；是在蒸汽机头上工作了十五年的斯蒂芬孙；是花了二十年在一台压缩机上的沃特；是用破布裹脚代替鞋子在雪地里走了四千米去借一本法国大革命的书，然后在柴火前如饥似渴读书的瑟罗·韦德；是在他看不见的世界里构筑了《失乐园》，然后以十五镑卖出去的弥尔顿；是在《名利场》被十几个出版商拒绝后仍乐观地活下去的萨克雷；是在孤零零的小阁楼上工作、等待，不会因贫穷、债务、饥饿气馁，也不会被吓倒的巴尔扎克……他们不会被贫困吓倒，不会被挫折妨碍。这个世界需要能工作、能等待的人。

◆

果实成熟得越快，腐烂得也就越快，想要尝到果实就不能摘花。迫不及待想要成为自己主人的人很可能会成为自己的奴隶。努力工作而不是整日无所事事。一年对思考方式的训练比在大学里学习四年，却只吸收了一大堆没经过消化的事例更有价值。世界用来吞噬以为自己要照亮世界的普通大学毕业生的方式会让你停顿和反省。不过可以肯定的是，就像人不是因为要在原始森林里手足并用地爬行而被创造出来的，而是要发展他的智力和道德功能一样，他需要教育。只有通过教育他才能成为他应该成为的人——在最高意义上的人。无知不只是对知识的否定，而是对心灵的误导。布尔沃说过：“在知识中迈进一步就是远离罪恶一步；远离罪恶一步就是向天堂迈进一步。”

# 7. 终身学习，让自己的强项更强

罗伯特·科利尔说道："你是否知道，我是怎样能做到用这样简洁的撒克逊语和你交流的？当我还是个小男孩的时候，我从早到晚都在阅读克鲁索和班扬的著作。其他的都是为了完成任务，而只有这些才是我真正喜爱的事，那些圣经里的故事、莎士比亚的著作，就像是纯净的水一样，是我踏上神圣讲坛的第一步。我就像是喝牛奶般汲取着这些知识，而这些东西就这样潜移默化不知不觉地深入到了我的每一根神经之中。在我八岁之前我上过一段时间学，随后就辍学，每天工作十三个小时。从我能够拼出克鲁索和班扬这两个名字开始，我便开始如饥似渴地阅读书籍。只要是书我就会去读，不管它是什么样的。其中有过半卷的百科全书，都是我之前闻所未闻的。那本书我翻过多少遍我已然记不清了，我只记得我曾经带着最大的快乐阅读那本书。

"在那之中有许多令人难忘的有趣篇章。我认为，阅读和吃饭一样，一旦最初的饥饿感得到满足之后，你的胃口就会变得挑剔，并且绝对不会再接受没有营养的东西。我之所以记得，是因为在哈德森的一个美丽的峡谷中我曾经有过这样的经历。那年是1839年，我没办法回家过圣诞节了，当时我还只是个小男孩，并为此感到非常伤心。正当我孤零零地坐在火炉边时，一个老农走过来对我说：‘我发现你很喜欢读书，所以我给你带了点东西读。’那本书是欧文的《速写集》，在此之前我从来没有听说过这本书。然而我还是像渴望已久一样马上投入到了阅读之中。自从很久以前读过克鲁索之后，我已经多年没有获得这样大的乐趣了。我看见了哈德森和卡茨基尔，让可怜的瑞普走进我的内心，像每个人一样，我哀其不幸，怒其不争；很快，我就把错过圣诞节的不快全抛到脑后，眼里只剩下书籍。

“对于阅读的渴望自始至终都跟随着我，任何事物都无法将其替代。那时没有蜡烛，我就尽量靠近火焰获取光亮；不论是我在吃饭时、拉鼓风箱时，还是在走路时，我都是手不释卷。一小时之内我可以边看书边走七千米。整个世界都在书籍之中。当时在我的脑中还并未意识到读书有怎样的好处，但是书中自有黄金屋。在当时，在那个小镇里，我从来没想过有一天我会成为一名部长，在这里讲述我的故事。如今，如果任何一个男孩对任何事物有着同等的热情，不论是书本还是生意，是绘画还是耕作，是机械还是音乐，只要他做的事是高贵的，那么他就有了改变自己命运的能力，有了高贵的印记。关于书籍我有两三个知心朋友，我们成了战友，并且对粗劣的作品保持一定的距离。书籍本身也发挥着作用，用最热烈的火焰与魔鬼战斗。”

◆

“在教育方面，”赫伯特·斯潘瑟说，“自我发展的过程应该得到全力的支持。孩子们应该自己去做调查研究，得到自己的看法和见解。他们应当尽量少地‘被告知’，尽量多地‘去发现’，谦逊的美德是要由自身修养才能发展而来的，成功人士的道路往往是相似的，而越来越多的迹象表明，自助者才能天助之。”

◆

托马斯·胡德说：“是我的书，让我远离拳击场、酒馆和沙龙；让我与教皇和爱迪生建立了联系，让我的心灵与莎士比亚和弥尔顿的同样高贵，远离一切低级邪恶的事物，不至于被人奴役。”

“一旦我有了一点钱，”伊拉兹马斯说，“我就会去买书。如果买完书还有剩余，我再去买食物和衣服。”

“可能有上百本的书我们只读过一遍，”罗伯特森说，“这些书从我们眼前一闪而过，就好像我们从来没读过这些书一样；然而它却在我们的心中留下了印记，这本书会在无形中留在我们的心里，同时让我们更专注、更有效率地阅读其他书籍。”

特罗普罗说：“我很诚实地告诉你，这种阅读的习惯，能让你获得人类最伟大、最纯洁、最完美的乐趣。或许其他的快乐会更为热烈些，但据我所知，唯一的享受就是阅读，没有什么事物能与之相比。”

“公园里所有运动的乐趣，”简·格雷小姐说，“都不及我在欣赏毕加索作品时乐趣的一半。”

海因修斯说：“阅读使我得以接触永恒，接触那么多神圣的灵魂，让我获得崇高的精神和甜蜜的满足感，我对那些无法拥有这种乐趣的人报以深切的同情，即便他们是伟人或者富豪，他们依旧很可怜。”

◆

“当一个人阅读的时候，”波特总统说，“能够让自己与作者的思想有最亲密的接触。他的所有喜怒哀乐，所有的不安、焦虑、判断力与感觉都紧紧跟随着作者的思维，情感都被作者所激发。如果反复的背诵或复习可以对他有所帮助，那么他就应该重视并且时常复习。如果用笔做适当的记录会有所帮助，那么他就不应当偷懒，而应该一笔一画地记录下来。”

“阅读之于心灵，”爱迪生说，“正如锻炼之于身体。一个可以强身健体、充沛精力，而另一个则可以获得并加深美德，充实我们的内心。”

“在选择书籍上，应该有所讲究，”布尔沃说道，“我知道一些正处于极度悲伤的人，迫不及待地阅读一本小说，或是最近流行的一本浅薄的书。当一个人的心十分沉重时，读浅薄的书是不奏效的。有人告诉我，当歌德失去他的儿子时，曾开始研究一个对他来说全新的科学。看来那时歌德就是一个了解他自己的医生了。”

◆

“你在一个大型图书馆里，从最大意义上来说，你已经进入了一个社会，”盖基说，“在这里的好处是你无须任何自我介绍，也不必紧张。你可以在这些伟大的人物中挑选一个你喜欢的作为同伴，因为在这一排排永生的灵魂中间不存在高傲，相反的，最高处的灵魂以无上的谦卑之心为最低处的服务。你丝毫不用考虑自己的地位，可以自由地与任何人交谈，而且因为他们拥有极好的教养，所以不会歧视和伤害任何人。”

“知识的王国的光辉特权，”韦伯斯特说道，“就是一旦它得到了，就永不再失去。不止如此，它的力量也成倍地增长；它所有的结论都成了方法，所有的成就都来帮助开拓新的征程。”

“在此刻，距离它们的诞生已经过去五百年了，”德昆西说，“乔叟的诗歌，亲切柔和，美丽如画，世界上鲜有诗歌能与之比肩，在当时就已经被许多人所熟知，到了现代，被屈莱顿、蒲伯和华兹华斯所运用。此时，奥维德的诗歌已经诞生一千八百年了，行文之快乐，叙述之无常、高雅，世上作品难以超越。”

◆

“难怪西塞罗说他想要放弃所有财产，在书籍里面生活，也在书籍里面死去。”盖基说，“难怪彼得拉克在生命的最后一刻还与书本在一起，人们发现他在书籍的陪伴下去世。那贝德死的时候还在听写，莱布尼茨死时手里还拿着本书，克拉兰敦爵士在书桌边死去就更显得更加自然而然了。”巴克尔的遗言，“我可怜的书！”表达了一种忘怀死亡的激情；斯科特回到阿博茨福德等待死亡时，人们推着他进入他的图书馆，他阳刚的双颊边流下道别的泪水；白发苍苍的罗伯特·骚塞，行将就木，无法打开书本、阅读书本，只是坐在那儿不停抚摸着、亲吻着他的书。这些人都是可怜的。

“没有什么消遣是比阅读更便宜的了，”玛丽·沃特利·蒙塔古说，“也没有哪一种快乐比阅读带来的快乐持续得更长久。”好的书籍能提升人的品质，净化人的心灵，并且能把我们提升到一个更高的思想和生活境界。在阅读一本高尚的、鼓舞人的书之后，想要变得自私、狭隘是不容易的。

没有其他任何东西能像书一样有这样的力量：能拯救穷人于穷困；抚慰可怜人于痛苦境地；解救重担压肩者于重压；治

愈伤者于病痛；安抚悲苦者于哀恸；解放受奴役者于堕落。书本是孤独者的朋友，是众叛亲离之人的同伴，寡欢者的幸福，无望者的希望，丧气者的鼓励，无助者的帮手。它们为黑暗带来光明，为阴暗带来阳光。

◆

“二十五年前，当我还是个小男孩的时候，”雷夫·J．A．詹姆斯说道，“一个同学给了我一本臭名昭著的书，并只借给我看十五分钟。十五分钟后我把书还给他，但自此之后它却像鬼魂一般将我附身，不得摆脱了。我曾双膝跪地，祈求将那本书从我的记忆中抹去，但后来我知道，一直到我进了坟墓，我一生都会带着那十五分钟带来的精神伤害。”

◆

荷马、柏拉图、苏格拉底和维吉尔可曾想过他们的文字会流芳千古，并改变了19世纪人们的生活吗？与世界上的巨大影响力和权力相比，他们仅如婴儿般弱小。但是世界上的很多生命都在某种程度上受过他们的影响。

◆

知识无法被别人窃走，也无法进行买卖。我们可能很穷，州长可能会来卖掉我们的家具，或驱逐我们拥有的奶牛，或拿走我们的宠物羊，使我们无家可归、身无分文；但是他不能夺走我们心灵的珠宝。

“好书和原始森林是人们永远不能完全熟悉的两件事物，”乔治·W．凯布尔说，“书的友谊是一种自爱，并且十分有益。所有无生命体的天性只是一面镜子，比起只有毫无生气的美的载体，给人产生美感就显得更加伟大。”

不论是纪实的还是虚构的，只要是能激发人的想象力、深化人的思想的书，就是应该要读的书。我们多变的情感，只是灵魂的震颤。

克顿·马瑟的《行善文集》从富兰克林小时候读了此书开始就影响了他一生。他建议每个人带着笔阅读，并且在阅读的时候做详尽的笔记。

◆

詹姆斯·T．菲尔兹曾去监狱拜访一个少年犯杰西·波默罗伊。波默罗伊告诉菲尔兹，他曾经是充满血腥、暴力的小说的忠实读者，他曾读过一本关于暴力行为的小说，并且他认为，正是这些书给他灌输的恐怖思想才导致了他的犯罪行为。

◆

很多小男孩在马里亚特的影响下，远赴海洋，一生漂泊。一个我所认识的七岁男孩读了阿尔伯特的《拿破仑的一生》，未到十四岁就去从了军。很多人在小时候读了一本坏书，之后这本书的影响不断发酵、繁衍，最终使一些人走上犯罪的道路。伦敦纽盖特监狱的牧师在他向市长大人做的年度报告中，提到城市的相当比例的监狱里，有很多长相帅气的小子“无一例外地，都曾有过读那些廉价杂志的习惯”，这些杂志是为所谓的青年娱乐所发行的。在所有的拘留所和监狱内，这种相似的案例可以轻易找到。一个人无法估量这一代人因读有害书籍而付出的精神毁灭的代价。

◆

在一个被苔藓覆盖的牧师住所的客厅窗户边，英国诗人塞缪尔·泰勒·柯勒律治度过了他梦幻的童年。他常常翻阅一套有关东方的奇幻故事，书名叫《一千零一夜》。他曾用混杂着渴望和忧惧的情感对我们说，他曾习惯于整夜看着那本珍贵的书，一直到清晨的阳光触摸到书的边沿，接着照亮它，此时他就迅速抓起这本书，常常以胜利者的姿态带着书到花园里某个树荫儿遮蔽的角落，充满愉悦地投入到书中的奇迹和书中魔法的瑰丽中去。

◆

比彻说，罗斯金的作品告诉了他看世界的秘密，而且任何人都不会再用同样的方式看世界。

塞缪尔曾说，洛克在理解方面的文章把我从昏迷中唤醒，并引导我下定决心放弃那些我已经习惯保持的卑躬屈膝的观点。

一个英国人塔那做的皮革，曾经获得过巨大的声誉，他说如果他没有读过卡莱尔，他的皮革就不会那么好。

当加菲尔德为他邻居干活时，他阅读了《水手辛巴德》和《海盗的书》。这些书为他揭开了一个新的世界。

◆

“一直以来，我都是利安德和罗密欧的知心密友，”洛厄尔说道，“我似乎能进一步探究莎士比亚，并获得我需要的知识。有时，我沉浸在悲伤里，一行斯宾塞的诗悄悄溜进我的脑海里，好像有自己的生命力和自己的意志，如一个从远处鸣着鼓、竖着枪朝天堂之境前进的骑士，立即将我从悲伤和阴暗中带离，使我进入久远的过去才能感受到的阳光和温暖。”

◆

阿摩司·威尔斯问道：谁会在吃中获得更多的享受？是一向养尊处优的大财主？他们的味觉已经对各种甜的、光滑细腻的又或是辛辣的味道感到麻木。或是整个早上为了帮助爸爸一直跑动的临时工的小女儿？她为了能与爸爸共享晚餐走了三千米的路。那么，谁会在阅读中获得更多的享受呢？是充分徜徉于小说世界中的小说爱好者？他们的脑中塞满了不计其数关于冒险、爱情、悲剧的零碎片段，他们对相似的情景、人物以及陈旧的情节感到厌烦。就如一个女孩疯狂地热爱历史，假如，她想知道关于伟大的苏格拉底的一切，然后知道关于他的朋友，他生活的时代、生活的方式以及苏格拉底留给后代的财富。这个女孩会满足这样的知识盛宴吗？难道你低下头看不到她受到这场盛宴主人的祝福后的幸福吗？正是这位主人已经决定并主宰了一切由他亲手制作的、比小说创作者的策划更加荒诞的现实。请相信一位对以下观点做过验证的学者：切实有用的阅读比毫无意义的阅读更生动迷人，正如脚踏实地的生活比无所事事的生活更有生命力。

◆

这个午后，我跨越太平洋，逆风飞翔、乘风破浪；我将视察世界上著名的利物浦船坞，一溜儿小跑来到哈瓦登，唤出格拉斯顿先生；我也可以穿过大英博物馆，看尽来自世界各国的珍贵馆藏；我也可以穿行在国家艺术走廊、英国国会大厦，走访温莎城堡和白金汉宫，呼唤维多利亚女王和威尔士王子；穿越湖区，呼唤那些伟大的作家，接下来去牛津大学和剑桥大学；还可以穿过英吉利海峡，在鲁昂停留，那儿正是圣女贞德被英国人烧死的地方，接着飞去巴黎，参观拿破仑的墓地和卢浮宫；欣赏诸多伟大现存雕塑作品之一——米洛斯的维纳斯，在长达几千米的画廊里注视着现今最伟大的几幅画作；深入观察世界上最壮丽的歌剧院—大歌剧院（为了腾出空间建造大歌剧院，曾拆除了四百二十七座建筑物）。在香榭丽舍大道散步，在凯旋门下徘徊；接着奔向凡尔赛宫，去看路易十四花了大约一亿美元造就的著名宫殿。

难道我不渴望听取高雅的演讲吗？通过我的书籍，我可以进入议会，聆听迪斯雷利、格莱斯顿、布莱特、奥康纳他们激动人心的演讲；它们将带领我进入参议院的大厅，在那里我可以听到韦伯斯特、克莱、卡尔霍恩、萨姆纳、埃弗雷特和威尔森他们举世无双的演讲；它们又将送我去古罗马的城市广场，在那儿我能听到西塞罗的演讲；或者去希腊领奖台，那儿我会听到德摩斯梯尼引人入胜的神奇演讲。

◆

一种阅读习惯可能会变得消极。有一种小说阅读病，这些紧紧依附着小说的人就像无节制酗酒的人。他们这种小说读得越多，他们的心智就越虚弱。他们什么也记不住，只是为了寻求刺激而阅读，他们的逻辑会变得越来越弱，他们的记忆力也会下降。这种心智已经被摧毁而无法食用健康有益的精神食粮。他们对历史和地理学没有丝毫兴趣，反而对低俗、垃圾的小说有十足的喜爱。

美国学生和英国学生最大的区别，在于没有大量地阅读书目，而是精读和研究了特定的一些书。美国学生对许多书都有所涉猎，却都是浅尝辄止、一知半解，无法成为任何一方面的大师。对大部分的读者来说也是一样的，在各方面他们都想知道一些。他们想读所有近来出版的书籍，不分好坏，只要是最新的即可。一般说来，人们都希望阅读轻松的书，“有点什么可以读的东西”就能打发在火车上或家中的时间了。通常的，英国人读的书更加富有实质性，更加古老，这些书都经历了时间的洗礼而存活至今。他们对“新潮书籍”并不那么热衷。

约瑟夫·库克建议年轻人在读书时要不断地做笔记。库克先生用他书本边缘的空白处做笔记，并且自由地在他自己的书上做标记，所以他的图书馆里的每一本书都是一本笔记本。他建议所有年轻人，都要有一本摘录簿。我们不能过于热衷于推荐这个记笔记的习惯，但是这对提高记忆力是一个有力的帮助，并且在我们以后要用到这些书时，这个习惯会极大地帮助我们找到它们。记笔记使我们和我们读的书更加亲近。除此之外，对学习的最大助力之一就是养成在读完一本书后，写出本书的框架的习惯，对讲座和演讲也采取相同的方法。这种习惯已经造就了一大批坚强而有活力的思想家和作家。在这一点上我们不能过于强烈建议人们养成保存文章有益片段的习惯。但是这些有索引的粘贴簿，特别是在我们的工作中，往往形成无法言说的优势。许多我们所说的伟人或天才就来自这些摘记簿和粘贴簿。

◆

有多少人曾认为在他们生命中“毫无机会”，后来却通过阅读斯迈尔斯、托德、马修斯、蒙吉尔、惠普尔、盖基、泰耶等人的著作，开始了他们崇高的事业。

读书费时过多易惰，文采藻饰太盛则矫，全凭条文断事乃学究故态。读书补天然之不足，经验又补读书之不足，天生才干犹如自然花草，读书然后知如何修剪移接；而书中所示，如果不用经验去检验，那便不切合实际。狡诈者轻鄙学问、愚鲁者羡慕学问、聪明者则运用学问。知识本身并没有告诉人怎样运用它，运用的智慧在于书本之外，不体验就学不到。读书时不可存心诘难作者，不可尽信书上所言，亦不可只为寻章摘句，而应推敲细思。书有可浅尝者，有可吞食者，少数则须咀嚼消化。换言之，有只需读其部分者，有只需大体涉猎者，少数则需全读，读时需全神贯注，孜孜不倦。书亦可请人代读，取其所作摘要，但只限题材一般或价值不高者，否则书经提炼犹如水经蒸馏、淡而无味矣。读书使人充实，讨论使人机智，笔记使人准确。因此不常做笔记者需记忆特强，不常讨论者需天生聪颖，始能无知而显有知。读史使人明智，读诗使人灵秀，数学使人周密，科学使人深刻，伦理学使人庄重，逻辑修辞之学使人善辩：凡有所学，皆成性格。

◆

人类所想、所做、所感的一切事情，都能够在书中找到踪迹。历史的漫长流淌、国家的兴衰更迭、城市的建立与破败等，在书中都会有所阐述，并代代相传，在人们的思想中留下痕迹，影响着一个又一个时代的人们。阅读能够让人们的大脑接收到千年之前的信息，让人们与古人一起思考，给人们以启迪。更重要的是，阅读能够为人类的大脑提供运动的场所，让人们的思维尽情地驰骋，并能够得到对自己最有益处的知识。

◆

美国芝加哥有一个成功的零售商，他利用一个星期的假期参观访问国内的大商场，由此他得到了改良自己商场的办法。在此之后，他便每年到东部旅行，专门研究几家大规模商场的销售方法和管理方法。他认为，这样的参观是绝对必要的。否则，墨守成规、一成不变地做下去，必定会走向失败。

那个商人说，他的商场经过几番改进后和以前大不相同了。以前从未注意的细节，比如货品的摆设不能吸引顾客、雇员工作不认真等，在参观了一些优秀同业者后，需要改进的地方都一一浮现在他的脑海中，引起了他极大的注意。于是，他开始大刀阔斧地调整，比如改变橱柜的陈列、辞退不忠于职守的雇员等，这样做以后，店内的气象焕然一新。

# Part 3

# 发挥优势：你的天赋才是你最好的归属

只要一个人能写一本好书，或只是做一个比邻居更好的捕鼠器，那么即便他把房子建在深林里，众人也会踏出一条通向他家的道路。——爱默生

我憎恨半途而废。如果这件事是正确的，勇敢地完成它；如果这件事是错误的，就别去做。——吉尔平

不管你的天性是什么，保持这种天性，永远不要放弃你的天赋。成为自然要你成为的人，你就会成功；成为其他人，你会比什么都不是还要糟糕千倍。——西德尼

没做对事情的人就像是在织布机上织断了一根线，只有在他忘记原因的时候错误才会浮现出来。——贝歇尔

## 1. 毫无疑问，所有人在他独特的人生中都有特别的天赋

“做你应该做的事，”爱默生说，“你不能希望太多或者想要太多。现在你就很勇敢、很伟大，就像菲狄亚斯巨大的凿子、埃及人的泥铲、摩西和但丁的笔一样，但又完全不同。”

“我觉得在这个世上我要做一些事情，我觉得我必须做。”惠迪尔这样说，这是他伟大力量的秘密。一个人，只有他认为自己必须进入法律界、文学界、医药界、政界或者其他领域，他才会成功。他天性的召唤——他热爱的和忠诚的东西——是他职业生涯中最重要的元素。如果一个人进入一行只因为他爷爷在这一行很有名，或者是他母亲希望他进这一行，而他对这一行却没有热爱或者天赋，他还不如去做苦力。在其他行业他只有危害，就像一块巨石滚下来砸到铁路上，威胁着下一辆火车。

◆

下面这则广告在报纸上出现了好几次，但是一封求职信都

没有收到。

**招聘印刷工**

有能力管理印刷厂或者出版厂的任意一个部门。专业不限。可以教授装饰画、书法、几何、三角法或者其他学科。我们可以给年轻女孩和小伙子开一个班让他们到高层去。牙医或者手足病医生对我们很有价值。能接受唱诗班高低音歌手的也可以。

最后还有如下补充：

注：锯木工和劈柴工也可以接受，不过薪水低于平均水平。

这行补充让这个职位立刻找到了合适的人，然后这则启事就再也没有出现过。

不要等待高位和高薪。扩展你所处的位置，为方法注入原创性，就像从未被注入过一样。比你的前任和同事更敏捷、更有活力、更透彻、更有礼貌。研究你的事业，创新你的运营模式，要能够给你的雇主亮点。这门艺术不仅是给予满足感，不只是做你的本分，而是做得比期望的更好，让你的雇主吃惊。

这份回报比高位和高薪更丰厚。

◆

富兰克林说："有事业的人就有资产，有使命感的人就有利润和荣耀。站着的农夫比跪着的绅士要高。"

追随你的爱好，你不能实现你的抱负。父母、朋友和不幸会扼杀和遏制你心中的渴望，他们会让你做你不想做的事。但是，就像一座火山一样，内部的岩浆终会冲破束缚它的岩层，将被压抑的天赋展现在雄辩、歌唱、艺术还有其他行业上。

你的天赋就是你的归宿。你的性格诉说着你的宿命。

如果你找到合适的位置了，你的工作会得到你全身上下的首肯。

如果可能，选择能运用你最多经验的工作。你会不只有一份惬意的工作，你还会用上最大部分的技巧和知识。

毫无疑问，所有人在他独特的人生中都有特别的天赋。很少人——我们称他们为天才——在早年就显现出不同寻常的天赋。

◆

一个人的事业让他肌肉有力、体格强壮、血流加快，让他的心灵更为洞察，让他的判断更为精确，让他的创造性发挥出来，让他的智慧运用到工作上去，让他在人生的比赛中起跑，激发他的野心，让他感觉到他作为一个人就该本分地做好他的工作并负起他的责任。没有人会觉得自己不是在做事业。一个没有工作的人不是一个完整的人。一百五十磅的骨头和肌肉不会让他成为一个人。就算有个完整的颅骨和脑子他也不是人。那些骨头、肌肉和脑子要知道怎样做一个人该做的事，怎样像一个人一样思考，开创自己的道路，承载一个人性格和责任的重量，这样它们才能构成一个人。

◆

无论做什么，你都要比你的使命伟大。很多人高看了职位或者使命，其实它们只是养家糊口的权宜之计。这种目光是刻薄狭隘的。伟大的生命、人类的发展者、性格的塑造者应该做的是将我们的能力拓宽、加深、提高，将它们打磨成对称、和谐和美丽的形状。

## 2. 你的价值不在这里，在别处，在更好的地方

“我能做好一件事。”一个年轻人因为自己的迟钝而要被解雇的时候乞求说。“你做不了销售。”他的雇主说。“我一定可以的。”年轻人说。“怎么可以？你告诉我。”“我不知道，先生。”“我也不知道。”商人一边说一边嘲笑他。“只要你不赶我走，先生，让我试试其他工作。我知道我做不了销售的。”“这我也知道，这就是出问题的地方。”商人说。“但是我能让自己变得有用。”年轻人坚持道，“我可以的。”于是他被派到账房。很快他对数字的敏感就显现了出来。几年后他不仅在一家大商场成为首席出纳，而且还成了著名的会计师。

“不得其所，”布尔沃说，“一个人可以很无足轻重，但把他放到合适的位置，你会发现他晋升神速！”

一个不得其所的人就像鱼儿离开了水。它的鳍没有意义，只是障碍而已。那条鱼只能在不属于它的环境里奋力挣扎。不

过，一旦它的鳍碰到了水，那鳍就有意义了。比如说很多人在学习法律，但是很多情况下并不是因为他们有哪怕一点儿的天赋在里面，只是因为法律能给他们铺就一条通往晋升的道路。

不得其所的人他的力量和道德层面永远不会有发展。如果他有发展，那也只能是狭窄的、单向的、受阻碍的，而不是有力的发展。

你可以让所有种类的马去参加比赛，不过只有天生跑得快的马才有可能创造纪录；其他的马以笨拙、不自然的姿态想要赢得比赛只会显得滑稽可笑。有多少律师，他们像货车或者家用马一样，却想在法律界快速前行。他们的行为只能被法官和陪审团笑话罢了。他们想要在嘲笑中挽回尊严的努力可能会让他们不自然的举止变得过得去，不过如果他们将同样的努力运用到他们的天赋中去，他们会成为那一行的佼佼者。

◆

“乔纳森，”蔡斯先生在他儿子差不多可以去上大学的时候说，“你下周一早上到下面的机器商店去。”多年后，乔纳森逃离了那家商店，通过自己的努力成了具有强大影响力的罗德岛议员。

伽利略十七岁的时候被送到比萨的大学去，被严厉禁止放弃医学去学习哲学或者文学。不过，当他十八岁的时候，他从教堂一个摇摇晃晃的吊灯上发现了著名的钟摆定律。

约翰·亚当斯的父亲是个鞋匠。他曾尝试将自己的手艺传给儿子，于是给了他一些鞋帮，让他按照图样剪三角形的洞，这样就能把鞋帮挂起来。结果这未来的政治家就完全照着图样剪了，连上面的洞都一模一样。

◆

画家海登真是失败。他以为自己的失败是因为这个世界忘恩负义和不平等，却不知道他的失败是因为自己不得其所。他对自己成功一半的苦涩失望真是可悲，因为对于他来说这一半的成功跟失败一样。他对颜色没有丝毫感觉，却一生都以为自己是个艺术家。

一个不得其所的人可以养活自己，不过他会失去轻松的心情、活力和热情。这些东西对于得其所的人来说像呼吸一样正常。他很勤奋，不过他像机器一样不经大脑去工作。他这样做是为了养家糊口，而不是因为他希望这样做。他不会两个小时之后才想起来要吃晚饭，因为一个不得其所的人总是在看表，同时心里盘算着他的工资。

一个得其所的人是开心、愉快、乐观、有活力的。日子对于他来说太短了。他的身体对他的工作表示赞同，对他的工作说好。他是一个完整的人。他尊重自己而且他很开心，因为他的力量用在了合适的地方。他的能力不需妥协，他对法律的才智不会浪费在农场上，他的庭辩口才不会浪费在鞋匠的凳子上，就算他在办公室里写着让人昏昏欲睡的文字，因为他热爱乡村生活，他也会感到很幸福。

不得其所会让人类消失所有力量。我们不能欺骗自然，如果它让你去学习医学或者法律，你从事其他事业便很难成功。意志的力量和对力量的运用不能让一个农民成为一个天才画家，就像伐木场的马不能变成赛马一样。当所有的力量不能运用到它们擅长的地方时，它们会变得消极、被削弱、变质。自尊、热情和勇气会被侵蚀，我们也因此不可能成功。

◆

斯科特在爱丁堡大学的时候被嘲笑，辛普森·格兰特的母亲叫这位未来的将军和总统“没用的格兰特”，因为大家认为他很笨拙又无趣。这是因为他们当时“不得其所”。

厄斯金最终成为命中注定的律师。但在做律师之前，他什么都做过。如果他留在海军，他可能永远不会出名。当他入选议员，他高涨的情绪被皮特嘲笑和鄙夷的冷漠冻结。因为他的朋友都觉得他会被打败。但是他再一次不得其所了。他的魔力被剥夺了，他的雄辩口才也因意识到自己不得其所而无用武之地。

在他进入铁路公司，“走上正道”之前，在高德做过老板、制革工人、调查员和土木工程师，不过都失败了。

当詹姆斯·罗塞尔·洛威尔的父亲在罗马看到他在哈佛大学发表的诗歌节选时，他父亲一点都不高兴，反而说：“詹姆斯在我离开家的时候答应过我，他会放弃诗歌专心读书。我希望他不那么轻浮。”

一个人只有在他向着天赋的方向发展的时候，在他不想成为别人的时候，他才会成长。在你出生之后，人类的模式就被打破，世界上没有人和你一模一样。所有成为另一个人的尝试，不仅会毁掉你自己的独特性，而且你只会成为你想要模仿的人的影子罢了。不得其所会让我们的力量消失殆尽。

如果不得其所，我们都将是矮人、弱者、应声虫。就算是最伟大的人的跟随者，也远远比不上一个渺小却能活出真我的人。

## 3. 一个人的价值是由他在意的东西构成的

“人们能拥有的最好的东西是什么呢？”一个古代哲学家问他的学生。一个学生回答道：“没什么比一双慧眼更好。”——对于性情开朗又易满足的人来说是种比喻修辞。另一个学生说：“一个好伙伴是世上最好的东西。”第三个人选了好邻居，第四个人选了睿智的朋友。但是以利亚撒说：“一颗善心比这些东西都好。”“正确。”导师说，“你用两个字就概括了别人说的一切，因为有善心的人懂得满足。他会是个好伙伴、好邻居，他知道该做什么。”

◆

“我愿意用我的王国换一匹马。”理查德三世在博斯沃思原野上说。“我愿意用我的王国换取一刻时间。”伊丽莎白女王在她临终的床上说。上百万人，在他们感受到土地的肥沃和力量从他们指间流逝时，坦率地表明出其实在内心深处他们蔑视这些东西。比起生命的祝福之光、星星与花朵、朋友的陪伴，还有更重要的，那便是生长和发展的机会，还有为未来生活的准备。

◆

有些人生来就很快乐。不管在什么情况下他们都很快乐，对身边的一切心满意足。他们眼中是永恒的节日，他们在任何地方都能看见快乐和美好。我们看见他们的时候，他们让我们觉得像是交了好运，或者是他们有好消息要告诉我们。就像从每一朵花中采蜜的蜜蜂，他们有着快乐的魔力，他们能让阴天变成晴天。在病房里他们比医生有用、比药物有效。所有的门都为这些人而打开。他们在哪里都受欢迎。

◆

有个东方传说，说的是个强大的天才。他答应了一个美丽少女，如果她能走过一片玉米地，不停留，不走回头路，不到处游荡，挑出最大最熟的一根玉米，她就能得到一样稀世珍宝。这个珍宝的珍贵程度是由她挑的玉米的大小和成熟度决定的。她走过那片玉米地，看到很多值得摘的玉米。不过她总是希望找到更大更完美的一根。她看过所有的玉米。在走到一片玉米都很瘦小的地方的时候，她不屑于从里面摘。最终，她没有摘到一根玉米就从地的另一头走了出来。

◆

一个人可能会有百万身家却仍然失败。赚钱不是最高成就。一个著名百万富翁的一生不是真的成功。他只有一个志向：把所有灵魂都铸成美元。全能的美元是他的太阳，是他心灵的镜子。他扼杀了其他所有的情感，使其他高尚的追求窒息。他用力抓住他的财富，直到死亡。一眨眼，他从世界上活着的最有钱的人变成从世上离开的最贫困的灵魂。

◆

古希腊神话中，米达斯王贪恋财富，求神把所有他碰触过的东西都变成金子。因为他认为这样他就会非常快乐。他的请求被应允了。但是当他的衣服、他的食物、他的饮料、他摘的花，甚至是他的小女儿，在他亲吻的时候都变成了黄色的金子，他乞求神把他的金手指收走。他意识到很多东西本质上都比世界上所有的金子加起来都要珍贵。

一个阿拉伯人，在沙漠里迷路，水、粮尽断后幸运地死里逃生，诉说了他的感受。在他快要放弃希望的时候，他发现了一大包珍珠。“我永远都不会忘记我以为那是干粮时的喜悦滋味，也不会忘记我在发现那是一大包珍珠时的苦涩和绝望。”

有趣的是，在这个时代里，一个穷困的作家，或者一个潦倒的艺术家，或者衣袖破损的大学学生会主席，在这个社会中更有地位，有比描写百万富翁更多的文章描写他们。这是一条铁则：任何一个商界的成功人士都意味着成百上千个对手的痛苦和失败。每一个智力与性格的成功对社会都是有益的。性格是一种印记，而这种无法磨灭的印记会决定所有人的真实价值都在于他们的工作。亨特博士说过：“想要成为伟人的人最终都成不了伟人。”艺术家们都在无意识中将他们自己和他们的个性融入他们的作品中。这些东西展现在帆布上，诉说着他们的人生。

◆

“先生，你知道我值一百万吗？”一个财神的信徒对约翰·布莱特说。“我知道。我也知道你也就值那么多钱了。”

布莱特平静地回答道。

◆

一个破产的商人，一天晚上回到家时对他的妻子说：“亲爱的，我破产了。所有东西都在治安官那里。”片刻的沉默后，妻子看着他的脸问：“治安官会把你也卖了吗？”

“不会。”

“治安官会卖了我吗？”

“不会。”

“那就不要说我们失去了所有的东西。最宝贵的东西还留在我们这里——男人、女人、小孩。如果我们的心灵和双手还在，我们就能再次创造财富。”

## 4. 靠山会倒，唯有美德是最稳定的资本

美德可以起到保护的作用。它守护在生活的大门前，接受朋友，驱赶敌人。

“不，想要说什么当着她的面说就行。”当斯巴达国王克里昂米尼的一位来访者请求避开国王十岁的小女儿戈格说话时，国王这样回答的。来访者知道，想要当着国王孩子的面说服国王做错事一定难上加难。所以戈格就这样，坐在父亲的脚边听着陌生人谈话。陌生人说，如果克里昂米尼帮助他成为邻国的国王，他将付给克里昂大量金钱作为回报。戈格不懂，但是当她看见父亲看起来显得犹豫又纠结的样子时，她握住了父亲的手说：“爸爸，走吧——这个陌生人会让你做错事的。”于是国王带着孩子离开了，也免于使自己和自己的国家陷入不义之地。

人格就是力量，即使对于一个孩子来说也是一样的。戈格成年之后，嫁给了英雄列奥尼达。有一天，国王的一个朋友送来一封信件，这个朋友正被关押在波斯监狱里。但打开信仔细审查之后，发现信上除了封了一层蜡之外一个字都没有。国王

和贵族们都认为这是个恶作剧。

“让我看一下。”戈格说着接过了信仔细地看了一遍。随后她大声叫道：“蜡下面一定有字！”他们刮下了蜡之后，发现下面有这名希腊战俘写给列奥尼达的警告，告诉他泽克西斯准备带着自己强大的军队征服整个希腊。收到警报之后，列奥尼达和其他国王立即组成了联合军队，最终击溃了一直以来战无不胜的泽克西斯大军。

◆

萨克雷说：“有的人天生就好像脸上写着信誉一样，走到哪里都受人尊敬。这样的人你没法不相信他。他们的出现就预示着信誉，你会更倾向于相信他而非别人。”人格就是信誉。

在1857年的经济危机中，纽约市各银行行长共同召开了一次会议。当问到各银行的存款总额都下降了多少时，有些回答百分之五十，有些甚至高达百分之七十五。但城市银行的摩西·泰勒回答：“我们上午的存款总额是四十万美元，今天晚上是四十七万美元。”在其他银行运营状况惨淡的同时，泰勒先生管理下的城市银行如此充满信心，因而人们纷纷把从其他银行中取出的钱存到了他的银行中。人格赋予我们信心。

◆

爱默生说：“我曾经听说过，听过查塔姆讲话的人都会感觉到天下没什么比他说的话更有道理了。”卡莱尔曾经抱怨过，当他讲述了米拉波所有的事迹之后，人们还是不能信服他对米拉波的才能做出的评价。格拉古、亚奇、克里昂米尼和普鲁塔克等英雄在史上并没有多少个人光辉事迹的记载。菲利普·西德尼先生和沃尔特·罗利先生也是负有盛名却鲜有个人事迹的记载。即便是华盛顿，我们在关于他南征北战、治理国家的记载中也无从判断他作为个人能有多大的重要性。席勒的名声极大，作品却寥寥。这种个人声誉与其作品及轶事不成比例的现象，并非因为所谓的“回声比雷霆更持久”，而是因为这些人内在的能量比他们所表现出来的要多得多。他们的力量大多是潜藏在表面之下的，也就是我们所说的人格——一种自然而然表现出来的力量，无须刻意使用任何手段。其他人靠天资和口才取得的成就，这些人单靠人格的魅力就可以取得。“他展现出的不过是一半的能力。”他们通过展现自己的高贵优雅获得胜利，而不是通过挥舞刺刀。他能被信服，是因为只要他一出现，事情就会发生转机。

“哦，约来！你是怎么知道赫拉克勒斯是一个神的呢？”

“因为，”约来回答，“当我一看到他我就知道了。当我见到忒修斯的时候，我会希望他来一场战斗，至少骑着马来一场战车比赛。但是赫拉克勒斯不会等待战斗，无论他是站着、走着还是坐着他都会征服别人；无论他怎样都会征服别人。”

◆

哈里发·奥马尔对士兵阿姆鲁说，“给我看看你那把身经百战、斩杀了无数人的宝剑吧。”

“啊，”阿姆鲁回答，“再锋利的剑如果没有强壮的臂膀来驾驭它，那还不如弱不禁风的诗人手中的剑。”

同样，一百五十磅的血肉，如果没有人格的驾驭，也是没有什么价值的。

◆

“哦，先生，我们失败了。”谢里丹的军队总司令在战争结束前边撤退边说。

“不，先生，”愤怒的谢里丹说，“你被打败了，但这支军队没有被打败。”他抽出宝剑，在头顶挥舞着，把它指向正在追赶的敌人。在可怕的混乱中，他号角般的声音一次又一次发出命令。终于，军队停止撤退，又杀了回去。

“在大海般的势不可当下，在暴风般的激情中，他们向敌人发起了进攻。”最终联邦军队被风卷残云般地击溃了。

◆

当1798年与法国的战争一触即发之际，亚当总统给那时已经归隐于弗农山庄的乔治·华盛顿写了一封信：“我们必须借用您的声望，希望您可以允许，您的名声比任何军队都更有威力。”这正说明了人格就是力量。

◆

一千八百年前，当夜幕降临在旁贝古城，一位女士正坐在家中照料十岁的儿子。孩子已经病了有一阵了，面容枯槁，瘦弱的四肢不停颤抖。焦虑的母亲正密切关注着无助的孩子的一举一动，她多么爱他呀！接下来发生的事我们都很清楚，在远处的海湾，山脉剧烈而可怕地晃动起来，而维苏威火山也在同一晚开始喷发，它向天空中喷发出大量的浮岩和火山灰，整个庞贝古城的街道和广场都被覆盖了，浮岩渐渐越堆越高，很快到达了窗户的高度。想要从门逃生已经不可能了，有些人试图从一楼的窗户跳出去，穿过成堆的硫磺石——实际上这不过是很短的一段距离，但是他们很快就被毒气毒死倒在了地上。石头掉完之后，又开始落下火山灰，火山灰之后又有炽热的岩浆落下，将火山灰变成了黏土。那些在石头落下时就跑出去的人早已尸骨无存，其他在屋里等待的人在火山灰下落时也同样很快就消亡了，但是他们的身体被火山灰覆盖从而保存了下来。我们之前提到的那位母亲以为石头已经不再掉落了，于是打开了窗子，抱着孩子匆匆前进了几步，就在这时，她被硫磺石绊倒了摔在地上，火山灰开始落下，迅速掩埋了她和她的孩子。随后炽热的岩浆将他们铸成了模型，随后经过千年太阳的炙烤，黏土模型变得坚硬无比，一直保留到今天。就在不久前，母亲和孩子的残骸被发现了，人们将低温煅烧石膏注入模型之中，然后打破模具，将母子的尸体重现了出来。因此，这个感人的故事，同时也是可怕的悲剧。孩子的胳膊和腿因疾病而变得十分消瘦，母亲则只有右臂保存了下来，身体的其他部位均被溶蚀掉了。但是，她仅存的右手仍紧紧抱着孩子的腿，她的胳膊上戴着两个金手镯，手上戴了两个戒指——一个是祖母绿戒指，一个是紫水晶戒指。这幅关于母爱的感人画面如今仍保存在一所著名的博物馆里。

◆

公元452年，当阿提拉带着他的野人部落满脸通红、气势汹汹地出现在罗马城的大门前时，所有人之中只有教皇利奥敢于站出来，单独面对他的冲天怒气。教皇身后，只有一个治安官跟着他。这群野蛮人被这位手无寸铁的老人的勇气所震撼了，他们带着他走到了他们的领袖面前，领袖十分尊敬教皇，最后不仅同意了不入侵城市，还提出每年向教皇送上礼金。

◆

爱丁堡大学教授布莱基对班级里的学生说道：“钱并不是必需的，权力也不是必需的，自由不是必需的，甚至健康也不是必需的，只有人格才能拯救我们，如果连人格都不能拯救我们，那我们活该受到谴责。”正如俗语所言：“如果你继承的最有价值的财富都是无形的。才华、美貌、健康、孝道和爱，都是不能买卖的。世界上最富有的人可能也会梦想能像弥尔顿那样写出一首诗，或是像莫扎特那样谱一首曲。你可能找来世界上最好的医生，也无法得到辛苦劳工免费获得的香甜睡眠。因此，没有谁是所谓的主宰者。

◆

一个人的美德要比外表重要许多，这就好比钻石总是埋藏在岩石的深处一样。有些人华而不实，就像只装饰了表面的房子，入口处像宫殿，里间却像草棚。与没有美德的人初次见面，刚开始时，他们的话语会像西西里的骏马，但接下来便会变得像修道院一般安静，因为没有思想清泉的注入，言语会很快干涸。肤浅之人经常会受到这类人的欺骗，但是明智的人会看透他们，知道他们的内心深处其实一片空洞。

◆

林肯在担任律师的时候，曾有人请他为一宗诉讼案中明显理亏的一方做辩护。林肯断然拒绝了这一情况，理由是如果自己出庭陈词，为这位理亏者辩护，那么他的内心会高喊：林肯，你是个说谎者。当一个人过着虚伪的生活，戴着虚假的面具与人做着不正当的交易时，他将每时每刻都受到自己良知的谴责。他的良知会不断地拷问他的灵魂，责骂他是个欺骗者、是个不诚实的人。这种败坏品格、引导人们走向歧途的事情，千万不要去做，因为那样会削弱人的力量，葬送人的自尊和良知。

◆

巴纳姆讲过关于他的一个熟人的故事：这个熟人的妻子本来想买一个崭新又精致的沙发，结果最后这个沙发花了他们三万美元。当沙发运到家里时，他们觉得需要搭配合适的椅子，随后为了搭配桌子和沙发，餐具、地毯、桌子也都换掉了，然后他们又换掉了整套家具。最后，他们发现和家具相比之下房子已经太过于拥挤时，于是他们又盖了一所新房子来“搭配”那个沙发。就这样，那位朋友说：“那个沙发一共花了我三万美元，而且为了与之配套，我还雇用了用人，装备了马车，这些花费加起来每年要一万一千美元，这已经对我的财产形成了严重而持续的威胁。”

◆

西塞罗说：“不在冲动下购物，就相当于获得了收入。”很多人都因为买便宜货的习惯吃了不少苦头。“这东西很便宜，我们买吧。”“可是买它有什么用？”“现在是没用，但是以后肯定用得着，说不上什么时候。”

◆

麦考伯说："年收入二十磅，花费十九磅零六便士，那么你会生活得很幸福；年收入二十磅，支出二十磅零六便士，那么你会生活得很悲惨。"

"饥饿、寒冷、破衣烂衫、辛苦劳作、蔑视、怀疑、不公的责罚，这些都是令人不快的，"贺拉斯·格里利说，"但是负债比这一切都要可怕。"

◆

"要是我每周只靠五十美分过活的话，"格里利说，"我宁可每周只吃一袋玉米，也不愿欠别人一分钱。"

◆

时时刻刻都精打细算或是近乎病态的吝啬并不是我们所说的"节约"，我们说的节约，是要理财。每个人都应该学会节约，这是一项高尚的事业。节约是为了宏伟的目标，我们之所以现在粗茶淡饭，是为了奉献于今后自由与博爱的事业。大多数人的节约都是出于一些低级的意图，并且仅在私下进行。现在我只吃烤玉米粒，是为了周末可以吃火鸡大餐，这种愿望显然比较低级；但是如果吃玉米，住单间公寓是为了内心的宁静与祥和，为了更好的使命，这样的节约便具有了高尚的目的。

◆

像其他小男孩一样，P.T.巴纳姆为父亲赶牛，赚得了一些零花钱。但与其他男孩不同的是，他把这些钱用于投资一些小的装饰品，每逢节假日便拿出来叫卖，就这样，他的小钱袋逐渐鼓了起来。

◆

在法国所有课程中，不论男女，都要学习理财与烹饪，并要反复练习；很多去过法国的游客都承认，法国人的生活花费仅占英国人和美国人的三分之一。他们懂得如何节省开支，变废为宝，充分利用现有资源。在这种精神的支撑下，法国杰出艺术家辈出。正如前秘书长麦卡洛所言，一个一千人的法国村庄的花销相当于美国一个高级旅店；而法国所有人口仅靠美国人浪费的食物就能过活。曾经在美国居住过几年的布洛特教授这样评价道：“尽管法国经济是欧洲的翘楚，但成千上万的法国中层家庭甚至不曾吃过一个美味的面包，品尝过一块精心烹制的牛排，或是坐下来享用一顿体面的晚餐。”

◆

许多人都认为，节俭就意味着留着奶酪碎屑和蜡烛头，在洗衣女工的账单上抹去两便士，做一些又琐碎、又吝啬、又肮脏的事。然而，节俭并不意味着吝啬。这种人的节俭通常只体现在某些特定的方面。他们总是为了省下半个便士而窃喜，幻想在今后可以把它挥霍在其他地方。潘奇在提到这类人的时候这样说：“他们就像是这种人：买一分钱的鲱鱼回家做晚餐，然后雇一个船长四个水手把这条鱼送回家。”我可从没听说过有人通过这种节俭的方式发家致富的。节俭的精髓在于始终保持支出小于收入。如果条件允许，就尽量多穿旧衣服，少买双新手套，粗茶淡饭地过日子。所以，如果就这样坚持的话，除非发生什么意外，我们的收入将会有很大的盈余。这里少花一便士，那里省下一美元，就这样，财富慢慢累积，就会达到我们理想中的效果。

◆

“我们的大自然以粉碎的方式来节约，”爱默生说，“消耗今天的废物，造就明天的新生。它会充分利用每一粒沙，它赋予了我们充足的资源，但是一旦我们哪怕掉了一丝头发、一片指甲，她都会马上抢过来，把它粉碎、分解、存储到自己的宝藏中。去年的花朵和叶子会在秋天腐烂，化作肥沃的土壤，使今年的花草更加丰美。大自然甚至不会再让我们见到我们的那些老朋友，除非是我们死在家中，在我们停止呼吸的那一刻，大自然就开始分解我们的身体，准备为其他生物所用。”

“把欲望分摊，吝啬就占了上风。”布尔沃这样说，“一年有一百英镑的收入，我就可以不需要他人的帮助，拥有面包和自由。但是如果一年有五千英镑的收入，我会害怕听到钟声，我会压榨用人们，不愿支付他们的薪水，等到第一个饱受压迫的人起诉我之后，我可能会被流放，很多人可能算计着取我性命、夺我钱财。入不敷出的人总是生活窘迫，量入为出的人才会生活富足。如果我每年收入五千英镑，但是我却没能力好好管理，那么这五千英镑只会换来更糟糕的贫穷——恐惧和羞愧；而每年一百英镑，我却可以换来最好的财富——安全和尊重。”

# Part 4

# 坚定信念：不怕万人阻挡，只怕自己投降

坚定立场，不要动摇。

——富兰克林

人不缺力量，缺的是决心。

——维克多·雨果

坚定不移的努力和决心使困难让路。

——杰瑞米·科利尔

当大自然为你增加困难时，也为你增加了智慧。

——爱默生

无数人配不上他们所遭遇的苦楚，他们理应有一个瑰丽的人生。

——司布真

粗粝的矿石在闪耀前，其表面须得经受烈火的灼烧。

——拜伦

## 1. 怕，就会输一辈子

◆

“敌人就在我们面前了！”斯巴达人惊呼。

“我们也在他们面前了。”列奥尼达冷静地说。

“束手就擒吧。”泽克西斯说。

列奥尼达回答：“除非你能征服我们。”

一个波斯士兵说：“我们的长矛与短箭飞舞起来时能够遮天蔽日。”

“那我们不妨在黑暗中战斗。”一个斯巴达士兵答道。

在这次战役中，斯巴达以极少的人数阻挡了令人生畏的百万大军。

◆

“这不是个好兆头！”当埃里克将要登船时，他的马摔倒了，埃里克见状这样说。他的船停泊在格陵兰岛的岸边，他的出行，一切都准备就绪。“如果我现在坚持出海，霉运将会降临到我头上。”所以他转头回到了家中。但是他的儿子利夫却决定出行。他组织了一对三十五人组成的船队，向南航行探索未知的海域。比埃尔尼船长在两三年之前曾开着一艘维京海盗船，因风暴误入过那片海域。他们最先看到的陆地是拉布拉多，一片土地贫瘠、崎岖不平的荒原。利夫给这个地方取名叫作Heluland，又称平石之地。在经过了几天的行驶之后，他们来到了一片低平的海岸，那里草木繁盛，生机勃勃。利夫把这个地方命名为边界之国，据说，那里就是今天的新斯科舍（加拿大的一个省）。接下来，他们继续向前，又发现了一个岛屿，那里的灌木丛间长满了美味的野葡萄，于是他们把那里命名为文莱。后来，他们又在如今纽波特的位置停留了几个月，然后船上满载着葡萄和各种珍奇木材回到了格陵兰。这次航行无疑是成功的。而埃里克则因为一个“坏兆头”遗憾地与它失之交臂。

并不是每艘从他施出发的船，都能从俄斐带回黄金。那么我们就要把他们留在海港任其腐烂吗？当然不！要让它扬帆起航！

◆

有勇有谋之人，往往在壮年之前就能建功立业。只要勇于开始，只要坚韧不拔，任何人都能成就一番令人惊叹的大事业。如果年少时就足够勇敢，那么成功也会更快地降临。亚历山大二十岁登基，在他三十三岁英年早逝之前，他几乎征服了整个世界；尤里斯·凯撒征服了八百座城市、上百个国家，打败了三百万的大军，成为有史以来最出色的演说家和政治家——而此时，他还是一个少年；华盛顿十九岁就被任命为副将，二十一岁就作为大使被派遣到法国，二十二岁就以上校的头衔领兵赢得了第一场战斗；拉斐特二十岁就担任了整个法国军队的将领；查尔曼大帝三十岁即统治了法国和德国；孔德征服罗克鲁瓦的时候只有二十二岁；伽利略十八岁就在比萨大教堂发现了钟摆定律；罗伯特·布朗宁十一岁即会写抒情诗；长眠于威斯敏斯特教堂的考利，十五岁就出版了自己的诗集；N.P.威利斯大学尚未毕业，就已经凭借出色的诗作赢得了不朽的名声；麦考利在二十三岁时已是极负盛名的作家；路德在二十九岁发表了著名的反对主教的文章，公然反抗罗马教廷；尼尔森二十岁之前就成为了英国海军中尉。他在特拉法尔重伤身亡时也不过四十七岁；查理十二赢得纳尔瓦战役的时候只有十九岁；伟大的军事指挥家汉尼拔三十岁时，在康奈大战中反败为胜击溃了罗马大军；拿破仑在意大利平原击败了一名又一名奥地利老将时，也不过二十七岁。

◆

同样的勇气和决断也常常出现在已经步入老年的人身上，维克多·雨果和惠灵顿都是在七十岁左右时才达到自己人生中的巅峰的；乔治·班克罗夫特在八十五岁时才创作出他最为出色的历史作品；格莱斯顿八十四岁时仍对英格兰保持着强有力的统治，同时在文学和学术能力上也有着极深的造诣。

◆

杰克逊将军早年曾经担任过法官，一次，他正开庭审理一桩关于地契的小案子，这时一个戴着杀人犯和亡命之徒头衔的边境恶棍闯进了法庭。杰克逊下令逮捕他，然而没有官员敢接近他。“去叫民兵团来。”法官说，“逮捕他。”但民兵们面对暴徒也都瑟瑟发抖。“那么就我自己来好了。”杰克逊回答，“休庭五分钟。”他离开座椅，径直走到那人面前，一双鹰眼冷冷地盯着暴徒。暴徒被他的气魄震慑住了，丢掉武器束手就擒。后来，那个暴徒说：“在他的目光中有种东西，我无力抵抗。”

◆

当林肯认为一件事是正义的事情时，他会不顾任何反对坚定地拥护它。在那时，如果一名律师为黑奴说话，那就意味着他可能丢掉饭碗，每当其他律师拒绝为黑奴打官司时，林肯总会抓住一切机会维护黑奴的利益。“去找林肯吧，”每当黑奴寻求保护时，人们都会这样说，“只要他认为一件事是对的，他就不会惧怕任何不利因素。”

林肯漫长的童年都是在贫困中苦苦挣扎度过的。他儿时接受的教育极少，也没有什么能有很大影响力的朋友。而当他好不容易在法律界小有名气之时，他又放弃自己的事业投身政界，这着实需要很大的勇气。也只有这种大无畏的勇气，才使得他身居总统高位时仍坚持自己的立场，无论外界的反对势力多么穷凶极恶，无论实现它需要多大的困难，勇气让他不畏外界政客和媒体的反对始终支持格兰特和斯坦顿。他珍惜自己与生俱来的明辨善恶的能力，手中始终紧握正义之剑。

“怀疑总会变为现实。”“当你下定决心做一件事时，你就成功了一半。”“光说不练，难成大事。”“勇气即胜利，胆怯即失败。”

◆

一旦有了什么决定，那么马上就去执行。任何想法在实行之前，都只能算是白日梦罢了。残酷的竞争让你感到害怕吗？那么就努力工作吧，有什么敌人能够敌得过你自己呢？要征服世界，首先要征服自己，因为一切都会为勇敢的灵魂让路。坚强地击败困难，勇敢地忍受厄运，高贵地安于贫困，坦然地接受失望。勇敢的人身边，自会散发出充满热情的强大气场；而对于胆怯的人来说，每一天都是昏暗的，因为胆怯蒙蔽了他们的双眼，让他们不敢迈出一步，而一旦他们开始迈出了第一步，那么他们就有极大的可能成就事业，赢得美名。艾略特说过：“坐享其成的胆怯者，永远无法成就伟业。”

◆

从前，有一只小老鼠住在一个大魔术师家附近，魔术师养了一只猫，于是小老鼠每天都在战战兢兢的恐惧中度日。魔术师见它实在可怜，于是把它变成了一只猫。可是随后它又马上开始惧怕狗，于是魔术师又把它变成了一只狗。可是变成狗之后，它又开始害怕老虎，无奈的魔术师又把它变成了老虎。可是老虎又开始害怕猎人。最后，魔术师无奈地说，“那你还是做回你的老鼠吧。反正不管我给你多么高贵动物的躯壳，你的内心都永远是一只老鼠。”于是，这个可怜的小家伙又变回了老鼠。

◆

年轻的海军准将奥利弗·H．佩里，二十八岁就被委以攻下伊利湖的重任。佩里以充沛的精力，指挥着九艘船，带着五十四支枪，击败了海军准将巴克利。巴克利的队伍由经验丰富的老兵组成，拥有六艘船，六十三支枪。而在此之前，佩里没有任何海军作战经验。

◆

拿破仑的一个鼓手成了赢得阿科拉之战的关键，拿破仑一万四千人的部队已经和奥地利五万人的部队苦苦奋战了七十二小时；奥地利军队的有利位置使得他们可以赶在法国军队之前横扫阿科拉桥，而之前法国军队刚刚控制了阿科拉桥，想要赢得战斗，就绝不能失守。这时，一个中士正背着鼓手过河，鼓手一路奋力击鼓，到达阿科拉桥的另一边后，他的鼓声越发雄壮激昂，以至于奥地利军队闻之胆寒，他们想起昨天法国军队的英勇奋战，还以为法国的大部队已经冲上来了。而拿破仑本人听到这激昂的鼓声，也顿时斗志昂扬，最终，法国军队赢得了战斗。后来，这名鼓手的英雄之举被立碑于巴黎万神殿之前以表纪念。

耶拿之战的两天前，拿破仑说：“小伙子们，不要惧怕死亡，当一名士兵惧怕死亡时，那他已与敌军无异。”

◆

阿拉果在自己的自传中写道，在他早期的求学阶段，他曾一度灰心丧气，几乎要放弃，这时他的课本前言中的几句与数学无关的话吸引了他的注意力。那是达兰贝尔对一个与他同样灰心丧气的年轻人说的话：“继续前进，先生，只管前进。在你已经进步之后，这些困难就会迎刃而解。随着你前进的脚步，光明就会到来，照亮你脚下的路。”“这句格言，”阿拉果说，“是我数学之路上最重要的导师。”

◆

一艘法国的双桅帆船在一片礁石密布的海岸附近突然被猛烈的暴风雨袭击，船长下令出海。可是尽管使尽了浑身解数，船依然无法避开所有的礁石，在苦苦挣扎了一整天之后，帆船突然猛烈地震动了一下，船位虽然降低了，但是却眼看就要被狂暴的海浪卷走。最终船长只好下令选一名水手带着绳子游到岸上把船绑在岸上，但是没有一个人愿意去。

“船长，”正当这时，一个叫作雅克的十二岁小男孩怯生生地说，“我知道您是不希望这些技术精湛的水手冒生命危险的，不过一个小小的船舱服务员的生命不那么重要。给我一捆粗绳子吧，我一边向前游一边展开它，把它的一头绑在我的身上，我保证一个小时之内我会到达岸上把绳子系在岸边；如果没有做到的话，那就是我已经遇难了。”

大家还没来得及阻止，小男孩就已跳入了海中，他的小脑袋就像水中随海浪沉浮的黑点，渐渐远去最终消失在迷雾中。如果不是那捆绳子时不时拉紧一下，大家都以为他已经死了。最终，绳子松弛了下来，水手们沉默着面面相觑。正当这时，绳子迅速而有力地猛拉了一下，接下来是第二下，第三下，这意味着小雅克已经上岸了。一捆绳子已经被扯直系到了岸上。整艘船上的水手都得救了。

◆

在1833年，女校长普鲁登斯·克兰德尔小姐在康涅狄格州的坎特伯雷开设了一所同时向黑人和白人开放的学校。学校一经成立，便引起了轩然大波。人们召开城镇会议来声讨克兰德尔小姐。在镇上居民的支持下，大家采取最具恶意、也最不人道的方法孤立这所学校：商店和教堂不允许学校的师生进入，公共交通工具也不接收他们。医生拒绝为师生诊断。克兰德尔小姐的朋友不敢去见她，学校的房子常常被臭鸡蛋和石头攻击，最终被人放火烧掉。然而，克兰德尔小姐之举是正义的，反对派所做的一切都是徒劳无益的，不过是垂死挣扎罢了。

◆

忠诚而又正直的海军老将法拉格将军，有着真诚的内心和钢铁般的意志。一次他对另一名海军官员说：“杜邦，你知道为什么你的铁甲舰没能进入查尔斯顿吗？”

“大概是因为海湾太过曲折了。”

“不是的。”

“那就是因为敌军的进攻实在是太猛烈了。”

“也不是。”

“那到底是因为什么？”

“因为你自己都不相信可以进去。”

◆

印第安人之中有这样一个传说，一个人在一个看不见的世界中旅行，他来到一丛荆棘前，看到野兽透过厚厚的木丛瞪视着他。过了一阵，他的面前又出现了一条无法逾越的河流。最终，他下定决心继续前进，而一旦他前进之后，荆棘变为了幻影，野兽成了无力的鬼魂，而那条河不过是一道阴影。当我们决心前进之后，障碍自然会消失。

◆

当你的朋友都穿金戴银时，你需要很大的勇气才能穿粗布麻衣；当其他人都通过坑蒙拐骗而家财万贯时，你需要很大的勇气才能正直地安于贫困；当其他人都说“好”的时候，你需要很大的勇气才能说“不”；当其他人忽视自己神圣的义务，通过其他事情功成名就的时候，你需要很大的勇气才能低调负责地尽到自己的责任；你需要很大的勇气，才能敢于摘下虚假的面具，向充满责难的世界展示自己的不足与缺点，呈现真实的自己。

◆

“记住，从现在起直至胜利或牺牲，我们都要永远无畏。”这是巴顿将军说过的一句话。想成功少不了胆量，也少不了勇气，一个永不丧失勇气的人是永远不会被打败的，因为他坚信风雨过后就是阳光。在现实生活中，许多事情都需要勇气作支撑，放弃需要勇气，拒绝需要勇气，尝试需要勇气，冒险需要勇气……一个人如果缺乏勇气，就失去了承担责任的基础，就只能活在他人的庇护之下，无法面对人生的压力和挑战。

## 2. 所有的困难，都是为了淘汰掉懦夫

“上帝往往用难题为我们创设更好的一切。”毕奇尔说，“远在那高山边，躺着一块大理石，这块石头对自己说，‘在这风之上，树之上，在鸟儿能飞到的天空之上——这片永恒的寂静啊，我在这宁静中是多么快乐。我在此休憩，日复一日，年复一年，无忧无虑。’”

“然而它现在是什么呢？它只是一块光秃秃的大理石，从悬崖边探出一块，其幸福仅来源于死亡的快乐。”

“不久以后，一个矿工来了，他用强有力的、持续的冲击在这大理石头顶钻出了一个孔。石头感受到了，说：‘这意味着什么？’紧接着黑色的火药被倒入钻孔里，猛地一阵爆炸使山脉发出隆隆回声。这一大块石头被炸得四碎，崩塌滑落入山谷。‘啊！’倒下时，它大叫一声，‘为什么碎裂？’接着，锯子来了，将它切割成各种形状；它被迫谦恭，心甘情愿无所作为。它被人从大山带走，送去城市。现在，它被雕凿、被打磨，终于呀，完美收官。它被起重机升起，悬挂在高空，作为

某个代表整个国家荣耀的纪念碑的压顶石。”

◆

人生中没有磨炼，你便无法猜测出自身的力量几何。人类不是在桌子上学会游泳的。他们必须潜入深深的水底，与波浪搏斗。艰难险阻是滋养男子气概和自立精神的土壤。磨炼是一个硬气的老师，但正是坚定的教导者才能造就坚定的学生。一个一生快乐、至死无忧的人，实际上连半个人也称不上。困境是用来考验人生的，并且当我们面临困境时，我们应衷心将它看成是人类信心的证明。因此，我们能够追寻至善。

◆

突然，伴着一声尖锐刺耳的刹车声和一阵震荡声，一辆电动小汽车在一辆正朝着反方向行进的重型卡车前渐渐停了下来。大卡车轮子正在被雨水浇湿并在滑溜的车道上徒劳无功地滑动着。驾驶员的气急败坏和马群的拖拉所做出的努力都毫无用处——直到那个汽车司机在又重又大的轮子下面倒了一铲子沙子，这辆卡车才缓缓地上路了。“摩擦力可真是一个好东西呀！”一个乘客谈论道。

◆

在斯堪的纳维亚神话中流传着一个美好的传说。一个英雄，未来要成为一个半神，被要求在天宫里完成三个高超技艺的考验。他被要求去喝干托尔神的角质酒杯。接着他必须与一匹骏马飞快地赛跑，其速度极快，以至于他几乎看不清自己几乎要飞起来的脚步下的土地了。再接着，他必须与一个牙齿脱落的老太太扳手腕，这个老太太有一双肌肉发达的手，抓紧的时候嶙峋有力如鹰爪，令他的每一寸血肉之躯颤抖。这个英雄最终全胜而归。但是当胜利的荣耀降临在他的庙宇上时，他才第一次发现，正是因为他的敌人，他才拥有了三大自然之力。他曾与思维竞跑，曾与老人斗腕，也曾喝尽海水。自然，如同自然之神，是作为一个朋友——而不是敌人——与我们搏斗的，她用一种我们能够理解、能够享受的方式来与我们搏斗，并希望我们获得胜利。每一个代表俗世间最伟大的、最高的善意，都是以这样一种开放而强化的姿态，把被看似可怕的搏斗带到我们身边的。

◆

一个古怪的团体至今仍存在于巴黎，它由一群每月相聚一次的引人注目的作家们组成。成员数量没有限制，只是每个候选人在成为正式团员前必须曾受到喝彩。一位杰出的剧作家被推选为主席，任期为三个月。他的选举总体上紧跟在一个巨大的失败之后。一些世界闻名的编剧们也都曾被冠上这份荣耀。大仲马、左拉和奥芬巴赫都曾担任过这个职位并主持每月的晚餐仪式。晚餐在每月的最后一个周五的晚上举行，据称热闹非凡。

◆

“原稿退回”成就了诸多作家。因为失败，能激起一个人潜在的能量、能点燃一个人休眠的梦想、能唤醒一个人沉睡的力量，从而带领失败者走向成功。一如牡蛎，变沙石为珍珠；一如勇者，化失意为力量。

◆

“逆境是一个严苛的老师，”埃德蒙·伯克说，“它把我们移交给一个比我们更了解我们自己，也更爱我们自己的人。”

与我们搏斗的人锻炼了我们的勇气，增强了我们的本领，敌人是我们的帮手。困难重重的斗争使我们的目标更清晰，并迫使我们把它放在一切可能的关系中考虑。因为敌人，不能忍受肤浅的我们。

◆

我们打败了对手。对手帮助我们增强了打败他们的力量。没有他们的敌对，我们可能不曾振作自己、坚定自己和强化自己，就如橡树是在暴风雨的无数搏斗中成长和扎稳了根一样。我们面临的磨炼、悲伤和不幸，也以相似的方式使我们进步。

“障碍，”米切尔说，“是强大的动力。”“我在维吉尔生活了许多年之后，发现自己身体状况渐佳。”贺拉斯告诉我们，是物质的贫困带他走向了诗歌的丰实。

◆

对生活必需品的渴望，鞭策人们不断朝着目标前进。人天性懒惰，而财富就是引出这个天性的诱惑。人生的最高目标是发展，是发现和发挥我们的力量，而任何事物，只要是意欲引诱我们过一种懒散、无所事事的生活，或诱使我们将寻欢作乐作为生活的全部——例如当我们能通过步行更好地锻炼自己的身体时却为我们提供倚靠的拐杖——所有帮扶、引导、倚靠，任何使我们无所作为的事物，不论以何种伪装和面目出现，都是祸害。我总是怜悯那些曾继承财富的男孩或女孩们，因为诱使他们埋没自己才能的力量实在太大了。他们在可以乘车时，选择步行是不正常的；所以，当他们能得到帮助时，是决计不会独自闯荡的。

◆

昆汀·马西斯曾是安特卫普的一个铁匠。他二十岁的时候想娶一个画家的女儿为妻。可画家拒绝了。“如果你是一个画家，”他说，“她就可以嫁给你。可你不是，你只是一个铁匠，这就代表你永远没有机会！”“我要成为一个画家。”这个年轻人说。为了这个目标，他在这新的一门艺术上不屈不挠，从而在短时间内画出了极有可能是代表最高水准的画作。他的辛勤获得了回报，并且不久就登上了职业的高峰。

◆

从一棵橡树上摘下两颗尽可能相似的果实，把其中一颗种在一个空旷的山头，另一颗种在茂密的森林中，然后观察它们的成长状况。那棵单独站在空旷山头的橡树要经受每一次暴风雨的吹打。它的根系向四面八方伸展，紧抓岩石、刺入地心。每一根须都为了使这巨大的橡树稳固成长而疯狂伸展，似乎正与自然激烈搏斗。有时，一连几年，它似乎停止了向上成长，但从始至终它都在努力将根须缠绕住巨大的岩石，从而获得更稳固的抓力。接着它又骄傲地往天空飞长了，同时也不忘为抗击飓风做准备。猛烈刮着它粗壮树枝的大风没有将它吹倒，反而更进一步将它里里外外每一个哪怕最微小的纤维都一一强化。

◆

找出两个尽可能相似的男孩子。把其中一个养在远离温室文化和繁华城市的乡村，那里只有一个教会学校和一些书。拿走财富和与扶持有关的一切。如果他有真材实料，他一定会成功的。每一个被他克服的困难都将赐予他克服下一个困难的力量。他倒下时，定会带着无与伦比的坚定信念再站起来。像是一个皮球，碰到越硬的阻碍反而弹得越高。困难和阻力不过是健身房里锻炼勇气纤维的辅助设备。他无愧地得到那些曾嘲笑他贫穷的人的尊敬和认可。而另一个男孩，把他养在一个富裕的家庭里。给他请了两个保姆，满足他所有的愿望。把他交给大师教育，然后送他进哈佛大学。一年给他上万美元当零花钱，让他自由地旅行。

两人相遇了。城里的那个小孩为他乡下的弟弟感到羞耻。那毫无美感的、破破烂烂的衣裳，粗糙的双手和怪异的行为举止，这些都与另一个来自城里的文雅举止形成了强烈的对比。那个穷小子为他自己艰苦的命运惋惜，悲叹自己生活中缺乏机遇，并羡慕他城里的哥哥。他觉得是命运在他们中间划了一道无法跨越的深渊。后来他们长大了，再次遇见时，一切都变得不同了！在两人间分辨出那个坚韧的、自强的男人和那被财富、地位和家庭所影响的男人实在太容易了，就像造船专家在各类厚木板中分辨出哪一块是由粗粝的空山橡树做成的和哪一块是由细弱的密林橡树做的一样容易。当然，如果你认为两块木材没什么不同，你可以把这两块木板各自放在船底的一边，让海上的飓风来检验他们的不同。

◆

正如一切弱肉强食的规则一样，那些最美最强的动物，和世界上的英雄强者，都来自相同的纬度。最具美感和最强悍的动物、人都不是在温带气候中长大的，他们不会在树上找到已经烤好的面包，他们成长的地方，一定是要做出超人的努力，拥有非常的气候和坚硬的土地的地方。

世界上不存在能使丰富矿藏在旦夕间贫瘠的事，也不存在大理石和冰块短时间内骤增这样的事，所有的成果，都是朝朝暮暮、点点滴滴积累而成的。

◆

正是生活中的必需品，正是想要得到它们所进行的挣扎，正是无价的贫穷激发我们去努力，同时也锻炼了坚强的毅力，从暴虐天性中召唤出人性。人类起初发现世界一团糟，后来把它变成了美丽的花园。

环境对一个生命体的影响通过适应法则这种简单并令人熟

知的方式表达出来。正是这适应法则使划桨的人的双手生茧，使摔跤手的腰身健壮，使负重的背脊坚实。它冷酷无情地迫使人们去适应新环境，进而喜欢上这个环境，最终在这个环境中存活繁衍下来。

◆

一旦小鹰学会飞翔，年长的鹰们就立即将它们拎起来，连带着它们残留的羽毛都一起扔出巢穴去。鹰们年轻时所必经的残忍、艰苦的经历使它们成了飞禽尊王，每一只鹰在捕猎时都凶残而老练。

◆

我们经常看到一个年轻人在失去父母或损失财富后会发挥出惊人的能力和力量，或其他一些灾难从他们背后突袭，使他们措手不及而碰壁。监狱唤醒了许多人内心沉睡的火焰。《天路历程》在贝德福德监狱问世、巴克斯特的《生活和时代》、艾略特的《帝制论人》和佩恩的《不经历风雨怎能见彩虹》都出自囚犯之手。沃尔特罗利爵士在他被监禁的十三年里写出了

《世界史》。在二十年时间里，但丁一直被流放，甚至一度面临死亡的威胁。他的著作在他死后被公开烧毁，但是烧毁的只能是书，他的才华无法被烧掉。

◆

困境使愚者更加愚蠢，使懦弱之人更加怯懦，使智者和勤奋之才突显，使谦逊者大展身手，使富有者生出敬畏之心，使懒惰之人发奋勤勉。一帆风顺得来的成功和财富绝不会使人变得有用和快乐。逆境袭来，如同海上的暴风雨，将唤醒人的才能，激发人的创造力，培养人的坚韧和刚毅。古时候的烈士，在苦苦支撑着对抗灾难时，获得了用一生安逸也换不到的高贵的意志和英雄般的精神。一个持续暴晒在太阳下的人就像八月的土地，变得干硬、结实。人们从困境中得到伟大的要素。如果你感到悲伤，去看看你所知道的最贫困、最艰难的家庭吧。在越黑暗的地方，往往蕴藏着越明亮的宝石。不要到处去和三分熟的朋友诉说你的不幸，因为人们不会想要一个不幸的人做自己的朋友。

◆

西奥多·罗斯福生于1858年10月27日，是有钱的荷兰人的后裔。罗斯福家族中有从政的传统，其叔叔曾担任众议院议员和大使，父亲是进出口商、银行家。西奥多幼年多病，为了锻炼身体，他学习拳击、骑马、游泳等。身体的原因使他只受过几个月的学校教育，即改为聘请家庭教师。1876年，他进入哈佛大学学习，这时他已成为一名体格健壮、知识广博的青年，最后他以优异的成绩毕业。1880年，他与爱丽斯举行婚礼，但不幸的是，他妻子生完孩子不久即病逝。祸不单行，他母亲也随之离开人世。他虽然在异常痛苦中拼命工作着，但他的精神并没有崩溃。1885年，他与伊迪斯结婚，生下四子一女。稳定的家庭生活，使他渐渐地走上了政治舞台。

1898年美西战争中，西奥多率领一个骑兵团在古巴英勇作战，使之很快成为战斗英雄。回国后他被共和党提名竞选纽约州长，果然他胜出，并在其间政绩斐然。

1900年，他被新当选的总统威廉·麦金莱提名为副总统候选人。而总统威廉·麦金莱在上任一年多后，即遭枪击身亡。1901年9月14日，作为副总统的他宣誓就任美国总统，年仅42岁。1904年，他竞选连任至1909年。此后，他遵从宪法，没有寻求再次连任。

他在任期间的主要业绩是推行反“托拉斯”政策，通过了一些保护劳工的立法，实行了一些维护社会公共利益的措施，使美国国力不断增强。

他还主持了1905年的日俄战争和平谈判，促成两国放弃战争，维护了和平，由此获得了1906年的诺贝尔和平奖。

卸任后的西奥多是慈祥的老祖父，他与儿孙们关系密切。

1918年7月17日，西奥多的小儿子在德国战场上身亡，对他的打击颇大。

1919年1月16日，他因心脏病去世。

西奥多·罗斯福生前著述、译作很多，是美国历史上著述最多的总统。

对西奥多·罗斯福来说，“做什么事都能成功”这一美誉是一种优势。他有善于组织的美名，人们也期望他能做出非凡的业绩。无论他进入哪个领域，从事什么工作，他似乎都有希望胜出。因此，他不会因人们的怀疑和担心而后悔或受到阻碍，他得到的是人们对他积极期待的激励。因为拥有这样一份积极、有力的保证，激发了他的善意，而善意又具有感染性。他相信他生来就该做大事，建立丰功伟业，而且这份自信激发了全民的信心，为他赢得了辉煌的名声。

## 3. 失败的人只有一种，就是在抵达成功前放弃的人

我希望能有这样一个不容置疑的勋章或者旗帜，来奖励那些坚韧不拔的心灵。不管他们的同伴或盟友发生了怎样的变化，不论运气如何，他们的志向都不会改变，都不会失去希望，而只会拖垮对手，最终到达胜利的港口。

“太棒了，汤米·布鲁克斯！”当整个学校眼中的“笨蛋”流利地背诵出诗中的段落时，老师又惊又喜地叫道。当汤米站起来时，所有人都在嘲笑他，等着看他的笑话。但是等班级剩下的人完成背诵之后，老师说汤米是完成得最棒的一名，并且奖励了他。

“现在告诉我，”老师问道，“你是如何把这首诗背得这么流利的呢？”

“是这样的，老师，是墙上的蜗牛教会我的。”汤米回答。其他学生听了之后，发出了刺耳的大笑声，但是老师说：“孩子们，你们不应该嘲笑他。因为即使是一只蜗牛，也有可能教会我们很多。蜗牛是怎样教你的呢，汤米？”

“我看见它一点一点地爬上墙壁，”男孩回答，“从不停止，也不回头，只是不停地前进。于是我想，我也可以用同样的方法学习这首诗。所以我一点一点地学习，决不放弃。等到蜗牛爬到了房顶，我也背完这首诗了。”

◆

“我给你们讲讲所谓的好运气与坏运气的秘密吧。”爱迪生说，“有些人总觉得好像命运与他有不共戴天之仇一样，总是为贫困或是不幸而哀叹。好运永远不会发生在他们身上，而是总属于他人。其中一个人，本有着一份好工作，但是因为总是把时间花在河边钓鱼上，从而失去了工作；另一个人，本有一份好事业，但是由于他脾气暴躁，所有人都离开了他；还有一个人，本来有赚钱的生意，但是他对什么都很上心，唯独不管自己的生意，于是他也遭了殃；另一个人性格正直，始终热衷于自己的工作，但是却总因决策失误而失败——他做事总是欠思量。成百上千的人都因盲目乐观、轻信谗言或是多行不义而与好运绝缘。正如一个人娶了个常吹耳边风的坏妻子，那他就不可能交好运。我从来没听说过有早睡早起、努力工作、勤俭节约、为人正直的人抱怨自己运气不好的。良好的性格、良好的习惯和坚不可摧的事业可以帮你抵御所谓的‘坏运气’。当我看见一个衣衫褴褛的人，在接近中午的时候从一个杂货店里出来，手插在兜里，帽子卷着边，我就知道这个人的运气一定很坏——最糟的运气莫过于成为一个懒鬼、一个恶棍，或是一个酒鬼。”

◆

“你正面临着棘手的问题，”安东尼·特罗洛普在尼亚加拉大瀑布前对一位画家说。这名画家正试图描绘瀑布激起的水花。他回答道：“对于一个想要精益求精的人来说，世上没有简单的事情。”“但是恐怕你的目标是不可能完成的。”特罗洛普说。“在我完成作品之前，你没有权利这么说。”画家抗议道。

◆

告诉路易莎，让她继续教书吧，她在作家这条路上是不会成功的。父亲把她的一篇故事的手稿寄给《大西洋月刊》的主编詹姆斯·T. 菲尔德，但是却遭到了退稿，于是父亲在寄回退稿的同时附上了主编的这条消息。而奥尔科特小姐回答道：

“告诉他，我会成为一个成功的作家，总有一天我会为《大西洋月刊》写稿。”不久之后，她把一篇文章寄到《大西洋月刊》，并收到了一张五十美元的支票。她说她“用这些钱为客厅买了一条二手地毯，为妹妹买了一顶帽子，为自己买了一双鞋子”。不久之后，郎费罗来到《大西洋月刊》之后，路易莎的父亲拜访了他。郎费罗说：“我来给你读一首很好的诗吧，”这时奥尔科特先生开心地打断了他说：“那是我女儿写的。”

“人们总觉得成功是凭运气，”爱默生说，“工作就是胜利。不论何时何地，完成了工作，就获得了成功。这并不关乎机遇。”

◆

“我们只为我们自己的账单提供折扣，而不包括私人账单。”当伦敦的弥敦·罗斯柴尔德拿出他在法兰克福开具的账单时，英格兰银行的一位出纳这样说。“私人的！”弥敦叫道，他对收银员这样说道，“我要让这群绅士看看我们是什么样的私人。”三个星期之后，在办公室开门的时候，他要求更换五英镑的钞票。出纳员数出五英镑的金币，惊讶地看着他，为他以这点小事而麻烦银行而感到奇怪。这位大亨仔细的一枚一枚检查着硬币，认真地称重，并且说：“法律规定我有权这样做”。他把这些钱放到一个小帆布包里，然后又要求提出第三张、第四张、第五张，直到一千张五英镑的钞票。一个包装满了，他就递给营业员叫他们等着，再去拿另一个包。在七个小时内，他换了两万一千英镑，让他手下的九个雇员一起帮忙，把出纳员们忙得不可开交，最终他们一共换了一百零五万英镑。银行家们见状纷纷大笑。但是第二天早上罗斯柴尔德带着九个雇员和几驾马车把自己存储的黄金都取走了，并且说：“这些人拒绝支付我的账单，那么我发誓我也要让他们失去金钱。”银行家们脸上的笑容消失了，因为他们想到，他们失去了五亿五千万美元的黄金。第二天报纸上发出了通告，英格兰银行将支付罗斯柴尔德以及他们自己的账单。

◆

巴纳姆在1841年对他的一个朋友说：“我要买下美国博物馆。”“买下来？”他的朋友叫道，他知道这位主持人身上一美元也没有；“那你用什么买呢？”“黄铜，”巴纳姆迅速地回答，“因为我没有金银。”

在纽约，每一个对公众娱乐感兴趣的人都知道巴纳姆的大名，并且都清楚他的经济状况。但是博物馆的拥有者，弗兰西斯·奥姆斯特德，在查阅了有关巴纳姆的大量有关资料后，发现大多资料都显示他是个“好主持人，敢做敢当的人”。于是他决定接受为巴纳姆的购买作担保的建议。奥姆斯特德雇用了一个人在博物馆门口收钱，保证巴纳姆能够用上述费用购买博物馆，同时保证每月提供五十美元来维持他妻子和三个孩子的生活。巴纳姆夫人欣然接受了这项安排，并且提出如果需要的话可以适当减少每天的花销到每天一美元左右。六个月后，奥姆斯特德碰巧进入售票处，发现巴纳姆正在吃晚餐，晚餐就是几片面包加一些咸牛肉。“这就是你的晚餐吗？”他问道。

“自从我买下博物馆之后，好久都没吃过一顿像样的晚餐了，只有在安息日才会小小的奢侈一下；而且我打定主意，不付清债务，就一直这样粗茶淡饭下去。”“啊！别担心，今年你就会还清债务的。”果然，不到一年，巴纳姆用博物馆的利润还清了每一分欠款。

◆

一位著名的哲学家说过：“幸运的恩惠如同陡峭的岩石，

了生活不得不带着他改嫁。有一天，他有机会去觐见王子，他满怀希望，在王子面前唱诗歌，朗诵剧本。表演完毕后，王子问他想要什么赏赐。这个穷孩子大胆地提出要求：“我想写歌剧，而且在皇家剧院演出。”王子把这个长着小丑般大鼻子的笨拙男孩从头到脚看了一遍，然后对他说：“能够背诵剧本，并不代表能够写剧本，那是两码事，我劝你还是去学一门有用的手艺吧。”但是，男孩回到家以后，打破了自己的储钱罐，向母亲和从不关心自己的继父道别，离家去追寻自己的理想。那时候，他才14岁，但他相信，只要自己愿意努力，自己的名字一定会流传千古。

他到了哥本哈根，挨家挨户地按门铃，几乎按遍了所有达官贵人的门铃，却没有人赏识他。他衣衫褴褛地落魄街头，却仍不减自己心中的热情。

1835年，他发表的童话故事终于吸引了儿童的目光，开启了属于他的新篇章。他的童话故事被译成多种文字，这时，距离他离开家已经十六年了。

他，就是丹麦著名的童话作家——安徒生。

## 4. 哪里有意志存在，哪里就会有出路

“你知不知道，”巴尔扎克的父亲说，“一个从事文学创作的人，不是成为国王，就是成为乞丐。”“很好，”他的儿子回答，“我会成为国王。”在贫穷与窘迫中挣扎了十年之后，他成为一代文豪。

“我将会成为法国的元帅，一个大将军。”一个年轻的法国军官紧握双拳，在屋中一边踱步一边说道。几年后，他成了一名成功的将军，成了法国的元帅。

◆

“信仰的力量是如此之大，”布尔沃说，“当一个人有信仰的时候，他会相信自己生来就是有着特殊的使命的，即使现在它看上去遥不可及，那么在他临死之前他也一定能做成。”

游手好闲、一无所长的人无法成就事业，正如你不可能从《韦氏大词典》里胡乱拼凑些词语就能写出《失乐园》。幸运总是向那些整装待发的人招手，向那些不畏艰险的人招手，向那些充满勇气、矢志不渝的人招手。

“有一遇到困难就灰心丧气的人吗？”约翰·亨特说，“那他很难有什么成就。至于克服困难的人呢？这种人从来不会失败。”

一个简单的事实是，坚定的信念可以支撑一个人不断奋斗，只要他的能力没有那么差，那么他就一定可以在自己选定的路上走得很远。

◆

在巴亚德·泰勒十九岁时，他步行了五十千米来到费城，寻找愿意发表他的十五首诗的出版商。他希望他的诗作能出版。然而没有出版商愿意出版它们。尽管如此，他还是吹着口哨回到了家乡。这表明他的勇气和决心并没有因此受挫。

在欧洲时，他过着窘迫的生活，常常连续一周每天只能花二十美分。当他回到伦敦时，浑身上下只剩下三十美分了。他想把背包里的一首一千两百行的诗拿来卖钱，但还是没有出版商愿意要。对于那一时期，他写道：“当时我的境况真是要多绝望有多绝望了。”但是他仍然不肯认输，坚持自己的理想。两年后，他还生活在伦敦，每年收入两百五十美元，每一分钱都是用自己手中的笔赚来的。

1879年，当他在柏林出任大使时，英年早逝，年仅五十四岁。全世界的学者和伟人都深切地哀悼他。

◆

在大约二十年前，在纽约有一个年轻的发明家，把自己所有的钱都花在了一项实验上。如果实验成功了，他的发明就会问世，他的财富也能得到保障，更重要的是，他的能力也将得到证实；反之，他将一无所有。第二天早上，所有的报纸都掀起了一波讽刺他的热潮，大家纷纷对他极尽嘲讽，想要看他的笑话。未来的希望似乎已经破灭了。他四处看了看，他的屋子破破烂烂，他柔弱娇小的妻子正在为他准备早餐。他身上一个便士都没有。他觉得自己就像一个傻瓜，这么多年的辛苦工作，全都付之东流。他回到卧室，坐下来，用手蒙住了脸。

突然之间，他胸中燃起来了炙热的火焰，他一下子站了起来。“我会成功的！”他说，随即咬紧了牙关。当他回来时，妻子正看着报纸流泪。“他们太残忍了，”她说，“他们一点都不明白。”“那么我会让他们明白的，”他热切地回答，

“六年磨一剑哪，”他又说，“这几年来，贫穷、疾病和蔑视总是如影随形。除了顽强的决心，我一无所有。”他确实成功了。那是一项伟大而实用的发明。如今，那位发明家正过着快乐而又富足的生活。

◆

意志的力量到底有多大？拿破仑就是最好的例子。他总是全身心地投入到他的事业之中。在他面前，迂腐无能的统治者一个接一个地倒下，他征服了一个又一个的国家。有人告诉他，阿尔卑斯山挡住了他征讨敌人的路。于是他说：“那么，不会再有阿尔卑斯山了。”一条横穿山脉的路被修建好了，在此之前，阿尔卑斯山是不可逾越的。他说，“‘不可能’这个词只存在于傻瓜的词典里。”他是一个长期操劳的人，有时他同时雇用四个秘书都忙不过来。他不姑息任何人，即使是他自己。他的行为影响着其他人，也让其他人看到了新的生活。“我是从泥水里摸爬滚打出来的将军。”他这样说。

◆

当我们相信我们有能力，我们几乎就拥有了能力，下决心取得成就，本身就是一种成就。因此，热切的决心往往有一丝无所不能的意味。苏沃罗夫的强大能力的关键，就在于他坚定的意志。就像所有决断的人一样，他把这种精神宣扬为一种系统。

◆

法国军队在马伦戈的战役通常被认为是失败的。当波拿巴和他的人马正在考虑下一步的行动时，德赛克斯曾经提出，既然现在下午刚过一半，还是有机会避免灾难发生的。于是，拿破仑召集部队，重新开始战斗，最终战胜了奥地利。然而德赛克斯却在这场战役中不幸丧生了。

◆

运气有过什么用处吗？它建造过城市吗？它发明过电话和电报吗？它建造过汽船吗？成立过什么大学或者医院吗？它帮助过凯撒穿越卢比河吗？它与拿破仑、惠灵顿·格兰特或是冯·毛奇的职业生涯有任何关系吗？每场战役在开始时，就已经决定了胜负。运气之于特拉法尔加之流又有什么用呢？我们的成功是我们自己赢得的，我们的失败是早就注定了的。

◆

一个优柔寡断的人，不管他有什么样的能力，都会在命运的赛跑中被意志坚强的人挤到一边。只有具有坚强决心的人，那些即使跌倒了也会满怀决心重新开始的人，才是人生的赢家。在通往财富的途中，随处可见那些所谓有能力的人沉了船，只有具有勇气、信念和决断的人，才能顺利到达港口。成千上万的人浑浑噩噩地走向坟墓，因为他们从来都没有勇气开始；而一旦一个人下定决心开始，他们的成就和伟业将会震惊世界。事实上，正如希德·史密斯所言，世界上有那么多值得我们去做的事，与其只是站在岸上瑟瑟发抖，害怕寒冷与危险，不如跳进水中尽我们最大所能遨游。

◆

一个不朽的伟人，即使他可能连别人的一根手指都无法撼动，即使一只飞蛾就足以让他毁灭，但只要拥有了伟大的意志，他就能跃居群星之上。就因为这样，他在天地之间广做善行，任何力量都无法将它抹杀。这一善举将永远流传，即使所有人、事都联合起来反对它。

◆

一个有着不可战胜的意志的人，你又能奈之如何呢？他永远不会认输。如果一个人的腿断了，接着他用躯干继续搏斗，那你又能奈之如何呢？困难和反对不会给他造成任何影响。如果赋予一个人钢铁般的意志，那么没人能够阻挡他成功。因为伽利略的科学发现把他关进牢房，他随即在牢房中继续用稻草进行实验；欧拉虽然失去了双眼，但他依然更加努力地研究金属问题，从而发表了伟大的数学理论；可怜的贝德福德在狱中沦为补锅匠，但他依然写出了世界上最棒的寓言，将他不朽的思想留在了监狱的墙上；即便把威克里夫烧死，将他的骨灰撒入赛文河，他仍将带着不朽的思想，流入海洋，流向大地。对于一个拥有坚定意志的人，整个世界都会静下来聆听他的声音。诸如格兰特、俾斯麦这样的人物，没人能够掩盖他们的光辉。

## 5. 成功就是从失败到失败，依然不改热情

华盛顿是怀着怎样一种对目标的渴求，才能把所有的生命、人格都投注在美国的独立事业上！要带着多么忠实的热诚，才能使效力于内阁的林肯、战场上的格兰特，哪怕竭尽灵魂的力量也要为人民解放战争而战斗？

◆

“不论你的工作是什么，”爱默生说，“让它独属于你。不论你是一个补锅匠还是一个传道士，不论你做的是铁匠的工作还是总统的工作，让你的工作成为你自己的一部分，让它融入你的骨血，如此，你就打开了天堂和人间的富足之门，获得来自天堂和人间源源不断的富足泉流。”接着，他说：“上帝不会让他的作品被懦夫染指。一个人只有在他沉浸于他的工作并全力以赴的时候才能感到宽慰和快乐；但如若他所说、所做的并非如此，那他就不会得到任何安宁。这是一种解救，而这种解救无法由他人送达。在努力解救自我的过程中，人的才能会使人煎熬，会一度没有灵感，没有创造，也没有希望。”

◆

“我为了它练得可够辛苦了，”马利布朗对一个赞美他的评论家说，这个评论家对他的高音和他从低音D唱起，连升三个八度的能力表示十分赞赏。“我已经练了一个月了。我无时无刻不在练，穿衣打扮的时候练，理发的时候也练，练到最后我就发现它不那么艰难、不那么遥不可及了，相反的，它就近在咫尺，近到似乎就在我正穿着的鞋尖儿上。”

◆

“人们对青年的热情一笑置之，”查尔斯·金斯利曾说，“而私底下又叹息着偷偷怀想这年轻时的激情，无奈的是可能他们到现在还没意识到，从一部分意义上来说是他们自己犯了一个错误，错在以为年轻的激情停留在过去，其实这份激情从未失去过。”

◆

著名教育家阿诺德博士曾说：“我感觉我越来越需要与认真生活着的人们谈话交流。我的认识总是停留在事物表面，这个认识让我感到十分痛苦。我想要的是一个人从石工建筑之类的事物中所捕捉到的征兆，通过这个征兆才能知道自己活着的意义。当我找到我自己活着的意义时，我感觉我自己闭合的心被打开了，这颗心鲜活而富于同情，就像年轻了二十岁。”

◆

有一天，国王询问古代最伟大的几何学家阿基米德，关于怎么辨别一个金皇冠里是否被蓄意混入银料。当他一边在思考最好的办法时，一边跨进一个灌满水的浴桶，水溢了出来。他想到溢出的水一定会与他的体重等量，同样地，他发现可以通过比较金皇冠和一个相同重量的纯金块的体积的不同来测试皇冠是否被掺杂其他物质。这个发现使他激动异常，以至于他光着身子就跑到了大街上，还大喊着：“我知道了！我知道了！”

他的言辞也同样著名：“给我一个支点,我就能撬动地球。”

在罗马士兵闯入他的房间时，沉浸在几何学中的他只对士兵说了一句话：“别踩到我画的圆圈。”

已经攻下这座城池的士兵命他立刻前往马赛拉斯，他拒绝了，他马上要被当场处死。当时他却只说了一句话：“你要杀我的头随你，但别弄坏了我画的圈。”

◆

尼采说：“那些能将我杀死的事物，会使我变得更加有力。”在逆境中挣扎奋斗过，我们终会窥见幸福的真谛。成功人士并不是天生的强者，他们的坚强、韧性并非与生俱来的，而是在后天的奋斗中逐渐形成的。弱者有自己的生存方式，只要相信弱者不弱，勇敢地面对人生的诸多大敌，弱者同样能笑到最后。

## 6. 忍耐和坚持是痛苦的，但它会带给你好处

“你每天花多长时间来练习演奏？”一个年轻人问道。

“连续二十年，每天十小时。”年轻的小提琴家回答。

◆

当一个学生问一个意大利音乐家，经过学习他可以达到什么水平时，音乐家这样回答：“如果你学习一年，我会教你把歌唱得很好；如果学习两年，你将极为出色；如果坚持不懈地学习三年，你会是意大利最好的男高音；如果你学习四年，那么世界都将在你脚下。”

◆

卡法雷利的老师发现，卡法雷利有着美妙的嗓音和过人的才华，于是他提出，只要卡法雷利对他的教学课程没有怨言，他可以全程免费教授卡法雷利。第一年的教学课程只是基本功，学生不得不日复一日地重复训练这些课程；第二年，第三

年，还是一样；到了第四年，老师开始回答一些学生提出的基本问题，枯燥的课程也有了些许变化；第五年，教学内容更加丰富多彩，最终，当卡法雷利想要学习一些更加高级的知识时，老师说："去吧，我的孩子，我已经教不了你更多的知识了。你现在已经是意大利最好的歌手了。"

◆

"我认为，人最大的优点，莫过于耐心地研究。"休·米勒说，"只有拥有这种优点的人，才能与我竞争，才可能超过我；耐心这种谦逊的优点如果能得到良好的发展，那么它所创造的成就将远大于才华本身。"

画家提香可谓是世界上最会把握色彩的人了。他曾说过："白色、红色和黑色，是每个画家都需要的颜色，但前提是他要知道如何运用他们。"提香经过五十年坚持不懈的努力，才最终成了色彩大师。

◆

“如果我们从不等待而是坚持不懈地努力，那么我们会有多大的成就哇！”卡莱尔说，“所有的困难都会转化为胜利，所有的不足都将转化为优势。”

坚持不懈是每个成就大事的人所必需的优良品质。他们可能没有什么特别之处，他们可能也有弱点，或者怪癖，但是在成功的人身上，坚持不懈的精神是必不可少的。不论他遇到再大的反对、再大的打击，他总是坚持不懈。苦役不会使他厌恶，障碍不会使他气馁，劳动不会使他疲惫。不论发生什么，他都会坚持，这是他的本性。他习惯了坚持，就像习惯了呼吸。

◆

与其说成就伟人的是出色的智力和充足的资源，不如说是不懈的努力和恒心。每个人都会信任有恒心的人。或许他也会经历不幸、悲伤和失败，但是每个人都知道他最终会胜利，因为没有什么能阻止他的脚步。“他会坚持吗？他有恒心吗？”这是社会评价每一个人时都会问的问题。

只要有坚持不懈的品质，即使没什么才能的人也会成功；如果不肯坚持，那么再有才华的人也会失败。

◆

“我在那项浩大的速记工作上付出的努力，做出的改进，”狄更斯说，“最大的意义是增加了我那一时期坚持不懈的品质。使我更加富有耐心，使连续不断的能量逐渐成熟，最终成就了我坚持不懈的优点。如今回顾这段时光，如果说起它最大的作用，就是引领我走向了成功。”

◆

“我要很抱歉地说，你并不适合这个行业。”在谢里丹发表完他的首次国会演说之后，记者伍德福尔对他说。谢里丹摸着脑袋沉思了许久，随后说：“我喜爱这项事业，并且我会成功的。”就是这同一个人，日后发表了被演说家福克斯誉为“下议院中有史以来的最佳演讲”的一场演说。

◆

“总是在做哪件事之间犹豫不决的人，”威廉姆·维特说，“最终将一事无成。”如果一个人下了决心，但随后他的决心却总是为外界环境所改变，在一个又一个想法，一个又一个计划之间摇摆不定，就像风向标一样瞬息万变的话，那么他永远也不可能有所成就。对于他来说，前进是不可能了，至多保持原地不动——当然，更有可能不断后退。

◆

伟大的作家都曾以坚韧不拔著称。他们的作品并不是灵光乍现得来的，而是经过一次次的修改和润色，最终才变得那么优美流畅。巴特勒主教二十年来坚持不懈才成就了他的《类推学》，即便是这样他还是不满意，以至于他想把这本书烧掉。卢梭说他的那种随意又优雅的写作风格来源于无数次的雕琢和润色。只要我们看看霍索恩、爱默生这样的伟人的笔记，我们就不难看出他们付出了多大的努力。为了一本大家一个小时就能读完的书，他们可能要花上一年的时间才能写出来。孟德斯鸠写《论法的精神》花了二十年的时间。即便是这样，你还是可以在一小时之内读完；亚当·史密斯写《国富论》用了十年；曾经有另一个剧作家嘲笑欧里庇得斯，说他三天只写了三行剧本，而相同的时间他写了五百行。“但是你的五百行在三天之内就会被人们所遗忘，而我的三行将会永垂不朽。”欧里庇得斯说道。

◆

笛福曾经把《鲁滨孙漂流记》的手稿拿给许多出版商看，但是都被回绝了；艾迪森的第一部剧，《罗莎蒙德》被观众嘘下了台。但是一家报社的编辑认为，他的作品很严肃，应当赢得尊重。事实证明，日后他也确实赢得了尊重。

大卫·利文斯顿说过：“那些从没有出版过一本书的人不会知道写一本书需要付出多大的劳动。写完了一本书之后，我对作家们的尊敬增加了一千倍。我宁愿再穿越一次非洲大陆，也不愿再写另一本书。”

“单是为了获得南美黑人人口数量的数据，”罗伯特·戴尔·欧文说，“我就查阅了超过一百五十本书。”

还有一位作家，他的一本书他一共反反复复写了五十多次才最终完稿。

据说，朗费罗曾经用四周的时间写出了一首诗，随后用了六个月修改、润色。布尔沃称，他的每篇短文在发表之前，他都要修改八到九次。坦尼森的一部作品修改了五十次。吉布森的《兴衰史》，用了二十年；亚当·克拉克的《评论》花了二十六年；卡莱尔的《伟大的弗德里克》花了十五年。

而在写一本书之前，还需要大量的时间来阅读。乔治·艾略特在写《丹尼尔·德龙》之前，读了一千本书；阿利森在完成他的史书之前读了两千本书；维吉尔花费几年时间写的《农事诗》，最终只刊登在一份普通报纸的两栏里。

“通常来说，”席德·史密斯说，“伟人的生活总是处在紧张与劳累中。他们的前半生总是在黑暗和窘迫中度过——被不如自己的人忽视、误解——在其他人睡眠的时候，他们总在思考；在他人嬉闹的时候，他们总在阅读；他们的内心中有一个声音，告诉他们不能与世俗同流合污。等这段艰难的时期度过之后，他们就会开始在一些小的场合崭露头角，他们的人生随即就会开始充满辉煌与荣耀，而他们之前付出的辛劳和时间，此时都会得到回报。

◆

孔子认为，如果建造一座山，在还剩最后一块石头时放弃了，那么就是失败。

人们普遍认为，最重要的能力，在于它可以让他的拥有者坚持自己的事业，最终完成自己的雄心壮志。

◆

“通常情况下，当报纸中第一次插入一则普通广告，读者是不会注意到的。”一名法国作家说，“第二次插入广告，他会看一眼，但不会细读；第三次插入广告，他会阅读；第四次他会仔细看价格；第五次他会向妻子提起这则广告；第六次他会准备购买；而第七次插入广告后，他会购买商品。”

◆

我们常常羡慕律师和医生，他们只要花费几分钟提几个建议，就能获得可观的报酬。然而事实上在别人睡觉或者享受假期时，他们花费了大量时间来存储知识。一个委托人可能不愿意花五十美元来购买一个五分钟就写好的通知，但是这样的通知只有读过上百本法律书籍的人才能写得出来。假如律师在之前没有读过这么多本书，需要让客户等他读完书之后才能完成工作，那么倒是花费了很多时间，可是客户会因此满意吗？

◆

是持之以恒的精神，建造起了埃及平原上的金字塔，树立起了耶路撒冷宏伟的神庙，筑成了中国牢固的长城；也正是这样的持之以恒，使水汽堆积形成了暴风雨，使阿尔卑斯山高耸入云；更是这样的持之以恒，在大西洋之上开辟出了一条道路，使新大陆的林木繁盛，哺育了新的民族和国家。坚持不懈的毅力帮助天才把一块大理石雕琢成精美的作品，在画布上描绘出惟妙惟肖的自然风光，在金属表面刻出看不见的浅痕；坚持不懈的毅力让无数的飞梭转动；让航天器飞上天空；让汽车如铁骑般奔驰，穿越一座座城市、一个个国家；在山体坚硬的花岗岩之上开辟隧道，闪电般地穿过；坚持不懈的毅力让科学家们不断地探索自然，预计出它的运动规律，研究出它的法则，测量人迹罕至的空间，计算出遥远的距离。

## 7. 再牛的梦想，也抵不过傻瓜式的坚持

比彻是一个内向的男孩，他是家中最小的孩子，因此被家人寄予了厚望。他的记忆力很差，也不喜欢学习。他逃避社会并想去海边生活。甚至在大学里他站在很多同学的面前，他还是会被遗忘。然而，当他发生转变时，他的整个生活都改变了。他充满了热情与希望。当他怀揣着目标着手做事，任何事物都变得渺小。他在仅有十八个人的劳伦斯堡的小教堂里砍柴、生火、清洗吊灯、拖地。当他的妻子生病的时候，他就煮饭、洗碗。他对于承载着抱负的生活所积累的热情最终冲破了简陋的环境所带来的障碍，最后，他蜕变为美国最伟大的演说家。

◆

当汉德尔还是个小男孩时，他给自己买了一台击弦古钢琴，把它藏在阁楼上，在夜深人静的时候才悄悄地去弹，弹的时候用一些小块的上好木棉布把琴弦包裹起来，这样琴声就不会吵醒家里的其他人了。迈克尔·安吉拉荒废学业去临摹一些他连带回家都不敢的画。穆里罗在书本的空白处画满了涂鸦。

德莱登十岁前就读完了波利比奥斯的著作。李·布让仍是个小男孩时就给家里的一面墙画了木炭画。蒲柏十四岁时就能写出绝妙的诗作。法国著名数学家布莱士·帕斯卡十六岁时就发表了一篇关于圆锥截面的论文。

阿加西教授对他的工作是如此地充满热情，并这样爱着鱼类、飞禽和走兽，以至于有传说称这些动物愿为他而死，献上自己的骨架供他研究。他父亲希望他融入商业生活，但是他毫无反应，因为鱼儿们正日日夜夜占据着他的时间和精力。

◆

一次，知名数学家哈维先生来到一家书店，他看到一个外貌可怜的穷小子走了进来，然后在一张纸上写了一些什么，递给了店主。哈维对这件事感到好奇，事后他询问了店家，才知道那个人原来是一个名字叫基托的人，基托很可怜，双耳失聪。这个人后来成为世界上最著名的学者之一，而他的第一本书却是在一个破房子里写就的。更不幸的是，基多在少年的时候，在背着沉重石板岩往房顶爬的途中不幸从离地三十五米高的地方摔下来。他之前来书店是来借书的。这个可怜人对书是那么的渴求，以至于卖书的店家出于怜悯，都愿意将书借给他，让他读完再还回来。

《青少年之友》杂志曾发文说爱迪生先生在他的自传《生活和发明》一书中提到了他偶然发现留声机原理的途径。而这种意外只发生在特定的人身上。

“那时我正对着电话的话筒唱歌，”爱迪生说，“当声音的震动像一颗颗钢点一样通过铁质话筒‘刺痛’我的手指时，我开始思考了。如果我能把声音的每一个点都记录下来，然后在同样的表面上播放，我看不出有什么理由它会发不出声音来。

“一开始我在一张电报纸上实验了一下，发现声音点在纸上形成了一个字母表。我对着话筒喊‘嗨！嗨！’，然后重放了一遍，果然听到了微弱的‘嗨！嗨！’。

“我决心要做一个这样的机器，但更加精准、完美。我给我的助手们指导了一下，告诉他们我发现了些什么。可他们嘲笑了我。这就是故事的全部了。留声机就是因为手指被话筒的声音‘刺痛’了发明出来的。”

偶然发现一个好点子是一回事儿，但是把好点子完美实施出来又是另外一回事儿了。造出来的机器可以发出声音，但是就像很多小孩子一样，发出气音和嘶嘶声对它来说很困难。以上是爱迪生的自传，但是其他评论就有点夸张了：“一连六七个月，他经常每天花十五至二十小时喋喋不休地说一个单词，比如‘斯培西亚’，将单词的发声录入蜡的表面。这个发明家一会儿大吼一声‘斯培西亚’，一会儿又像女人一样口齿不清地把‘斯培西亚’发成‘培西亚’，就这样不休不止重复了上千遍，直到他心中满意为止。”

“留声机给我们的第一印象是极度滑稽的。听到那些严肃并受尊敬的先生们以一种富有科学荣耀感的声音耐心重复着‘玛丽有只小羊羔，小羊羔，小羊羔’，并非常庄重地向大家阐述其工作原理，对于新事物大家总是很难接受。”

弥尔顿即便在又瞎、又老、又穷的时候，也一直表现出透着高贵的愉快心情，从没有“减退一丁点的勇气和希望，反而坚定向前。”

狄更斯似乎被他笔下的人物牢牢地占据了身心，他日夜都在想着他们，一直想到这些人物被恰如其分地刻画并写入小说中为止。

◆

有一个时期，欧洲的普通群众如果看了非宗教书籍和听了非宗教的讲座，就会被认定是危害社会的行为。有一个名叫查尔斯·奈特的人，决心要通过廉价文学来启蒙大多数人。他相信一篇文章可以既有教育性又具有趣味性，虽低价但不低俗。他最先办了《一便士杂志》，这本杂志在第一年发行了二十万份。奈特接着编辑出版了《小百科全书》《趣味知识库》《最佳作者三十分》和其他一些有用的便宜书。他的一生都致力于通过出版低廉而有益的书籍来提升国民素质这一事业。他死去时很贫穷，但是满怀感恩的人们在他的墓前竖立了一座庄严的纪念碑来感念他的高贵人格。

德摩斯梯尼把他的同胞从无精打采中唤醒，激励他们顽强地保卫祖国的独立，抵抗野心勃勃、狡猾奸诈的王子所策划的攻击。那个菲利普王子不得不服气地说，雅典所有的舰队和士兵都比不上一个德摩斯梯尼令他恐惧。

天才霍勒斯·格里利大器晚成，他在创办《纽约论坛报》之前默默无闻，而他最终成功是因为他一辈子只做了一件事——用了一生的心血来经营《纽约论坛报》。

◆

“我没有任何书籍，只有天空和大地完全对我开放。”伯纳德·帕里希这样说道，他在1828年离开法国南部家乡的时候只有十八岁。尽管只是一名玻璃绘制者，但他拥有一颗艺术家的灵魂。一只精致的意大利杯子搅乱了他的生活，从那一刻起，他就下定决心去寻找给杯子上釉的瓷釉，这个决心就像一种激情占据了他的内心。他经年累月尝尽各种试验去了解瓷釉的组成成分。他搭建了一个熔炉，最后以失败告终，然后他又搭建了第二个，烧掉太多木材，烧坏太多陶器，浪费掉太多时间之后，他开始面临贫困，由于没钱购买燃料，他不得不在普通的熔炉里进行试验。结果还是失败，但他当场就决定再次开始，很快他就烧出三百件瓷器，其中一件覆盖着漂亮的瓷釉。

为了完善自己的发明，接下来，他自己扛砖块搭建了一座玻璃熔化炉。终于等到试验的时间，但连续高温烧了六天之后，他的瓷釉还没有熔化。他的钱全部化为乌有，但他又借了一些钱，买了更多的锅和木头，努力找到一种更好的熔剂。等他再次点起燃料，一直到燃料燃尽，仍然一无所获。他把花园栅栏上的木栅拆下来，扔进火海，但也只是徒劳。接着，家具也白搭了进去。储物室的架子也被拆了扔到熔炉里，高温终于熔化了瓷釉。

# Part 5

# 调控状态：方法总比问题多

如果你想达到顶点，那么就从最低处开始。

——普布利·希鲁斯

无论何时，只要有需要，第一个冲上去，不要给别人比你优秀的机会。“我愿加入不惧死亡的唱诗班，慷慨大度，充满活力地活着，意气风发、不屈不挠地做事，鄙薄鼠目寸光之人，使思想深邃像流星一般划过天际，在持之以恒的努力下走向更宏伟的目标。”

——乔治·艾略特

## 1. 你对世界最大的贡献，是让自己快乐起来

◆

据说，帕斯卡不允许自己享受食品的美味。尽管他自身可能十分需要，他还是拒绝使用任何调料和香料。事实上他最终的死因就是他在自己已经身患重病的情况下，仍然强迫自己每天摄取固定量的食物，不多也不少，也不论自己当时的胃口是好是坏。他习惯于在骨瘦如柴的身体上穿一件装满铁钉的紧身衣，认为自己需要这样的劝诫。如果他偶然听到有人说看到了一个漂亮女人，他就会觉得生气；他责备那些亲吻孩子的母亲；他批评自己喜欢享受生活的妹妹；他承认自己故意严厉起来，来掩饰对妹妹的喜爱。

◆

我们要与所有可能使我们意志消沉的消极影响战斗，正如我们要与诱使我们犯罪的诱惑战斗一样。消沉的内心使我们无法自由行动，也无法施展内心。它会阻碍身体激素分泌，干扰

大脑血液循环，扰乱整个身体的机能。持续消沉的内心往往会最终导致淋巴结和肺病。在人们经历过巨大打击从而陷入消沉和抑郁之后，在肺上叶往往会出现肺病的最初症状——“致命杂音”。消沉者往往是由于失去活力与能量、消化不良、担心、焦虑、烦恼或悲伤，从而处于一种极度抑郁的状态，才会最终酿成惨剧。

◆

“欢乐是灵丹妙药。”一位智慧的作家曾经这样说。每个人都应该沐浴在欢乐之中。生活的所有阴暗面——严厉的管教、抑郁、焦虑，都应该被欢乐冲刷下去。每个人都应该以欢乐疗伤。没有欢乐的人就像是一辆没有弹簧的马车，路上每出现一块鹅卵石车子就会随之剧烈颠簸；拥有快乐的人就像是装了弹簧的战车，即使走在崎岖不平的路上也能畅通无阻。

◆

“我曾经讲过一个故事，”索西说，“有一个西班牙人每次吃樱桃之前都要戴上放大镜，这样樱桃看起来就会更大、更诱人。我也曾通过类似的方式充分获取人生的快乐。虽然我不会逃避问题，但是我会尽量把它看作像指南针一样小，同时不让它打扰到别人。”快乐的能量足以振奋一切。

◆

一个快乐的人在很大程度上是一个有用的人。他不会约束自己的内心，也不会片面地看待人和事。他知道生活中存在着痛苦，但是痛苦不应成为生活的主旋律。在他眼中，任何一片土地都应该是欢乐的；羔羊尽情跳跃、鸟儿欢乐歌唱及飞翔；小猫、小狗尽情快乐地玩耍，空气中飞满了欢乐的小虫；他们相信在任何地方都是邪不压正，任何痛苦都会得到治疗和补偿。

◆

我想这是历史学家休姆说过的最真实的话了：“要快乐——人一定要振奋而欢乐，不要感到沮丧忧郁。真正的财富莫过于满怀希望与快乐，真正的贫穷莫过于心怀恐惧和忧伤。”

约翰逊博士曾经指出，拥有总是看向事物光明的一面的习惯，胜过拥有每年一千英镑的收入，因为快乐的价值要更高。

◆

给予他人快乐，就像是用自己的蜡烛点亮他人的火焰，同时你的光亮不会受到任何削弱。

◆

至少从理论上来讲，一个聪明的年轻人会选择一个好脾气的妻子管理自己的家务，作为自己孩子的母亲，与自己共度一生。如果有一个性情暴躁的妻子、母亲或者姐姐，恐怕家中就会生出许多事端。通常来说，如果一个人食欲良好、睡眠充足，那么他的性情会温顺可爱；但是如果在这样的优越条件下，一个人仍然性情急躁、暴跳如雷，那么就只能归咎于其个人的堕落了。

◆

适度是万事开头的首要原则，也是继续下去的关键。除了新鲜的空气、简单的食物、充足的睡眠之外，工作和锻炼之中都还应遵循适度的原则。很少有人能同时满足这些条件。一个普通的居家女孩能找到的最佳锻炼方式莫过于做一些简单的家务，这种运动有相应的对象，更有趣也更实用，比单纯为运动而运动要好得多。同样的运动还可以是和弟弟妹妹们嬉戏一会儿，或是在阴凉、通风的房间举几下哑铃。在进行这些运动时，我们处于较为理想的状态中，忘记了自己的身体，而只是尽情沉浸在欢乐之中。

◆

比彻说过：“杀死男人的不是工作，而是焦虑。工作是件健康的事，甚至在一个人的承受范围内再增加些工作也没什么问题；但是焦虑就像是刀刃上的铁锈，他并不是破坏机械的运动，而是摩擦与冲突。”

◆

海伦·亨特说，有一种罪行无处不在，却总是被大家低估及忽视。它就是焦虑之罪。它就像空气和话语一般寻常，它是如此普通，以至于除非它引起什么异样，否则我们是不会发现它的。看看我们身旁的普通人，我们会发现人们的焦虑是多么的频繁——通常状态下都表现为抱怨，可能是抱怨房间中的任何一个人，也可能是汽车，或是曾经熟悉的街角。但抱怨却往往于事无补。那么我们为什么还要无谓地抱怨呢？抱怨太冷、太热、太湿、太干，或是抱怨有人破坏了约会，抱怨一顿饭没有做好，抱怨因愚蠢或奸诈而引起的不快。生活中不如意十之八九，即使是最简单的事物，不如意的地方也会多得惊人。总有一些人的眼睛，从来看不到美、和谐与光明，却总是在寻找事物的畸形与阴暗。人生来就是要经受苦难的，正如火花总是向上飞舞。但即使火花在黑暗中飞扬，它的上空也有蓝色的天空。只要能在路上花费更少的时间，就一定能早日到达终点。而焦虑就相当于在路上浪费时间。

◆

一个时钟的钟摆开始计算在未来的每周、每月它一共要摆动多少次，然后它又想到了接下来的一年，于是它做了一个计算，结果它发现工作量是如此之大，最终钟摆被吓得停止了工作。做好每天的工作，不要为明日的烦恼而忧心。生活中的大多数烦恼都是自寻烦恼，人们所担心的事可能永远都不会到来。

◆

“无论是身体、智力还是道德上的健康，都主要取决于快乐。”E.P.惠普尔说，“每个任务，不论是跟着犁农作还是做其他工作，都应该带着愉快而振奋的精神去执行，保持精力充沛的状态去探索，创造出像观赏任何科学及艺术主题的博览会一样令人愉悦的美德。”

◆

“如何抵御诱惑这个问题的答案，”一位著名的作家说，“第一是快乐，第二、第三还是快乐。”快乐的习惯能把不幸转化为福气，是引领年轻人走向幸福生活的财富。一个人一旦养成了经常看事物光明的一面的好习惯，就会常常看到草丛间的荣耀、花朵上的阳光、石头上的痕迹，看到一切事物的美好。与那些总是苦着脸、患有慢性消化不良的人相比，快乐的人要强得多。他的习惯性思维会将他的脸雕刻得更加美丽，使他的行为更加优雅。

◆

我们常常忘记这种可以使我们达到所有梦寐以求的愿望的无价魅力。这种性情有如阳光般温暖，比护身符更有效，比黄金更珍贵，比上好的宝石更稀有。它是弥漫着天堂香味的迷人香气。

◆

一个仰慕者说：“他们完完全全地相信，所有的国家都是美丽的，所有的宴会都是丰盛的，所有的图画都是精美的，所有的山脉都是高大的，所有的女人都是美丽的。当这样的人在出国旅行、在外辛苦工作了一年回来之后，突然会觉得自己居住的地方到处温暖而舒适，房子是最便宜的，房东是最亲切的，景色是最美丽的，晚餐是最美味的。反之，他则会总觉得自己被剥削，什么都看不到。房东无比贪婪，卧室肮脏杂乱，羊肉炖得坚硬无比……”

◆

好脾气的人就像一直都戴着一副神奇的眼镜一样，这神奇的眼镜比克劳德·洛林的玻璃还要精细，通过它，你会看见所有事情都闪耀着光芒，让我们的心灵随着小事而愉悦，随着小恩惠而感激不已。艾萨克·沃尔顿从河边钓鱼回来时，就像是戴着这种眼镜一样。他充满感激地说道：“在我们走在金银花篱笆的阴凉下回家的时候，我们谈到我们相遇之后拥有的想法和欢乐。我们当前的欢乐看起来更多了，我们也因此而更加感激。希望你能跟我一起来想想，有多少人此时正遭受病痛的折磨呢？在我看来，免于苦难就是新的福祉。”

苏格拉底没结婚的时候，曾和几个朋友一起住在一间很小的屋子里。尽管条件非常简陋，但他每天都神采飞扬，看起来非常快乐。于是就有人问他：“你们那么多人挤在一起，睡觉连转个身都难，有什么值得高兴的？”

苏格拉底却说：“朋友们在一块儿，随时都可以交流学习心得，交换思想和感情，特别方便，这难道不是值得高兴的事儿吗？”

没过多久，朋友们相继成家了，先后搬了出去。小破屋里只剩下了苏格拉底一个人，可是他每天仍然还是快活。于是又有人问他：“现在屋里就剩下你自己了，一个人孤孤单单的又有什么可乐的呢？”

苏格拉底自豪地说：“怎么能说我是一个人呢，你没看到我身边有那么多书做伴吗？一本书就是一个老师。和这么多老师在一起，随时都可以向它们请教问题，这怎能不令人快乐呢？”

## 2. 自信，没人能给，更别自己摧毁

有一个英国艺术家，最喜欢描绘贫民窟的画面。他申请加入切尔西的贫民管理委员会，希望能描绘出更多贫民窟内部的悲惨而又独特的景象。但是会长拒绝了他的申请，理由是这样的：“穷人也有尊严，一个人的贫穷不应该被示众。”

这一事件展现了穷人与富人之间的沟通障碍。人们总是善良却草率，意图来管理所谓的贫民窟，想要改造并提升“下层阶级”的水平，但是他们常常忘记了这些不幸的人也有自尊的权利，同样敏感而脆弱。

◆

富兰克林曾经说过，如果一个人把自己当作羔羊，那么饿狼就会来吃它。如果一个人认为自己是羔羊，那么狼就很可能会吃掉他。

“哦，上帝，请站在我们这一边吧，”普鲁士将军安哈尔特·德邵王子在出征前祈祷道，“起码不要帮助敌人，剩下的交给我就好。”

◆

“如果一个人知道自己是什么样的人，”谢林说道，“那他很快就能学会自己应该做些什么，在他拥有了关于自己的理论知识后，很快就会将它付诸实践。”“虽然谦逊对于一个人来说很重要，”克苏特说，“但也不能因此丧失自信，除了谦逊，自信是最具有气概的品质了。”弗劳德写道：“一棵树必须扎根土壤才能结出果实，一个人必须学会站直身子，自尊自爱，独立自主，才能立足于这个社会。只有在这个基础之上，他才有可能培养出更好、更多的优良品质。”

◆

“这里坐着的男人，是美国的总统，在三年前他还是个默默无闻的律师，在伊利诺伊州之外几乎没有人认识他，每天都关在一间小黑屋里工作，而如今他即将统治整个国家。他曾经临危受命担任布法罗市的市长，以其出色的头脑和铁腕于危机之中挽救了这座城市。凭借那次建立的些许威信，他成了民主党的州长候选人。他以史无前例的绝对优势——二十万张选票的总数当选。两年之后，他所在的政党推选他竞选总统，他顺利当选。

“坐在你们面前的这个男人，完全不惧面对这种大场面，他安静地等待着自己出场，就像是演员等待自己登台。这是他第一次去华盛顿，在此之前，他从没有去过国会，也不知道政府机器是如何运作的。这一切对他来说都是神秘的，然而在一个不知情的人看来，他现在正在经历的这种场面对他来说就好像是每天的例行公事一样。”

在他坐在参议院大厅的整整这一个小时之内，这个男人纹丝不动，目不斜视，一丝肌肉都不曾颤抖过。他也不曾有过一丝一毫不自信或是情绪波动的迹象。

但到此为止，他强大的自信还没有完全展现出来。在参议院会议之后，克利夫兰开始庄严宣誓就职演说。他穿着一件扣着扣子的阿尔伯特王子式大衣，他把右手伸进纽扣之间，左手背在后面，保持这个姿势直到为他喝彩的掌声渐渐停息，他才开始自己的演讲。

我本以为他会照本宣科，但他并没有。令我大为惊叹的是，他用清晰且洪亮的嗓音一气呵成地完成了演讲。是的，在国民的面前，在全世界的注视下，他发表的就职演说就像是在开一个例会一样镇定自若。这几乎是有史以来最为杰出的就职演讲。

◆

相信自己。无论有多少人不信任你，你仍然可以成功；但是如果你连自己都不相信自己，那你绝不会有所成就。

◆

“上天花一百年的时间才能孕育出一个可以振兴帝国的天才，随后要再休息一百年，”成功统治了国家半个多世纪的考恩尼茨说，“这使我担忧在我死后奥地利君主制的命运。”

◆

在他人眼中令人不快的狂妄自大，往往是其本人对其能力强烈自信心的表达。伟人通常都有着极高的自信。华兹华斯向来都认为自己在历史学上的地位毋庸置疑；丹特预料自己会名垂青史、开普勒说过不论当代人是否阅读自己的著作都无所谓。“既然等了六千年来出现一个像我这样的观察者，那么我也不介意等待一个世纪找到我的读者。”“不要怕，”朱利叶斯·凯撒对被暴风雨吓坏了的向导说，“你和凯撒与他的好运同在。”

◆

当巴黎指挥部发现拿破仑在一个月之内一跃成为全欧洲最著名的人时，他们决定适当压制一下拿破仑的锐气，任命拿破仑的同事凯勒曼为指挥官。拿破仑随即迅速且恭敬地提出了辞职申请，他说，“战争和执政一样，主要靠的就是策略。”这个决定最终迫使指挥部接受了他的条件。

◆

法兰西的皇帝急于证明自己女婿的高贵血统，然而拿破仑却拒绝发表相关声明。他说：“与其成为某个意大利暴君的后人，我宁愿做一个正直平民的后代。我希望从我这代起，我的家族可以成为贵族，我希望我的贵族头衔由法国人民授予。我来自哈布斯堡的鲁道夫家族，我的贵族血统从蒙特诺特战役开始。”

◆

“自信往往是伟大的前兆。”

“或许你可以在某些时间欺骗所有人，”林肯说，“或者在所有的时间欺骗某些人，但是你不能一直欺骗所有人。”不论何时，我们都无法欺骗自己，想要拥有自信，最好的方式就是拥有相应的能力。如果一个人总是缺乏自信，顾影自怜，那么你会怎么看待他呢?

自信是个人性格的一大要素，信念是所有成就的基础。坚信我们能有所成就会赋予我们无穷的力量。积极的人，在生活中不会患得患失，他不会怀疑自身所处的位置是否合适，不会怀疑自己的能力，不会担忧自己的未来。

换句话说，积极的人不会受很多担忧和焦虑之苦；而自卑的人会因此障碍重重。积极的人有思想自由和行动自由，这两者都是提高工作效率的必要条件。

## 3. 别让坏脾气毁了你

英国谚语说道：“不会发怒的人是傻瓜，但能控制怒火的人是智者。”

古代伟大哲学家塞内加曾经说过：“每天晚上入睡之前，我们都应该反省自己。我今天表现出软弱了吗？屈服于激情了吗？抵挡住诱惑了吗？获得了美德吗？”随后他提出了影响深远的真理：“如果我们每日能忏悔自己的罪过，那么缺点将会大大减少。”如果你无法控制自己的怒气，那么就学着控制自己的舌头吧，咽下那些尖酸刻薄的话，以免出口伤人。学会做情绪的主人，而不是奴隶。

◆

发怒毫无益处。某些罪恶可以弥补，可以通过道歉来挽回，但愤怒不能。一个人就算发泄出怒火，心里也不见得舒服多少。愤怒是莫大的痛苦，而一旦怒火消散之后，他会发现自己就像傻瓜一样。同时，在别人的眼中，他也同样的愚蠢。

◆

苏格拉底的妻子是一个不可理喻、暴脾气的悍妇。有一次，在她臭骂了苏格拉底一顿之后，苏格拉底走到门外，坐在了门前躲避。他平静而又毫不在意的样子再次激怒了妻子，为了发泄怒火，她跑到楼上把一盆水一股脑儿浇在了苏格拉底头顶。苏格拉底却只是笑着自嘲说：“我就知道，风暴之后必有甘霖。”苏格拉底的朋友亚西比德曾经问过他，这么多年来妻子一直毫不留情地责骂他，他是如何能跟她生活在一个屋檐下的呢？苏格拉底回答：“我早已习惯了她的怒骂。现在她的责骂于我不过是街上的马车声罢了。”

这就是苏格拉底。无论当他教授学生美德时，还是回答收受了贿赂的法官的问话时，抑或是接受死亡的宣判时，还是饮下毒药之时，他都是同一个人。平和、安静、泰然自若，无所畏惧。总而言之，直到生命的最后一刻，他都是一个智者。

◆

“仅仅有优良的品质是不够的，”拉罗什福科说，“我们应该同时具有管理它们的能力。”如果一个人不能很好地控制自己，那么他就不能称得上是一个受过良好教育的人。

冲动的人总是浑浑噩噩，不谙世事；而感官敏锐，拥有男子汉应有的怒火，但是却能够控制情绪并原谅他人的人，才是真正强大的人，才是情绪的王者。

◆

人无完人，可能在神经脆弱的时候，我们每个人都会被鸡毛蒜皮的小事激怒，这也是可以理解的。但是为什么要对他人恶语中伤呢？有些话一旦说出口就无法挽回，就像火焰一样炙烤着伤口，就像有毒的箭一样伤害他人的内心。即使一个孩子不停哭泣，即使你的朋友喜怒无常，即使你的用人不可理喻，也不要轻易出口伤人。当你感到冲动或者愤怒的时候不要开口说话，因为你很可能说出不该说的话，说出不理智的话，说出令自己遗憾的话。保持沉默，直到你平静下来，恢复自律，再开口说话。

◆

自尊必须伴随着自我征服，否则我们强烈的情感就会像决堤的洪水一般倾泻而出。想要命令他人，就要先学会服从，想要控制自己的力量，就要学会听从内心的声音。控制激情，压制骄傲和焦躁，抑制所有轻率的冲动。不屈从于欲望的满足，时刻保持理智。导致羞耻和堕落的是我们心中善的缺失，而不是缺乏他人的尊重。满足低级趣味的欲望和想要为善的愿望总是不停地碰撞。每当我们面对考验时，身边都有听不见的声音对你耳语："不能这样做。"但是人们往往不自尊自重，让欲望占了上风，堕落也随之开始了。每个人都会经历这样的战斗，能自制者即取得胜利，自助者天助之。

◆

哲学家桑托斯有一次告诉他的用人，第二天他将宴请几位朋友，让用人去市场买最好的食材。

第二天，哲学家和客人坐在餐桌旁，却发现菜肴中全都是舌头——四五盘各种烹饪做法的舌头。哲学家很生气，对他的用人说："我不是告诉过你选最好的食材吗？"

用人说："我确实选了市场上最好的食材。舌头不是最具社会性的器官吗？不是集雄辩、慈善和敬畏于一体的器官吗？"

桑托斯说："那么你明天给我找市场上最差的食材。"

第二天桑托斯坐在桌前，发现菜肴还是四五盘舌头——各种形状的舌头。

哲学家忍无可忍地说："我不是叫你找市场上最差的食材吗？"

用人回答："确实是的。难道舌头不是最傲慢的器官吗？不是生产诽谤和谎言的器官吗？"

## 4. 不准情绪化，你要做一个不动声色的大人

“我待会儿就签字，”当一个酒鬼的妻子不断催促他签署戒酒保证书时，他这样回答道。

“但是我不喜欢马上就改变。最好的办法是习惯一件事。”

“很好，老家伙，”他的妻子回答，“那如果你哪天掉到井里，不会有人来救你。”

不久之后，在一次痛饮之后，他真的掉到了一口浅井之中。还好，他的呼救声被他妻子听到了。

“我不是告诉过你吗？”她说，“还好我听见了，否则你就要被淹死了。”

酒鬼抓住了桶，妻子把他一点点拉上来。可当他快要到达井口时，妻子松了手，他又掉到井里了。这样来来回回重复了好几次，最后酒鬼叫道：“你是故意让我掉下去的！我知道的！”

“没错，我确实是，”妻子答道，“还记得吗，你不是告诉我最好习惯一件事吗？我害怕要是真把你拉上来，你还不习惯了呢。”

酒鬼没有办法，只得答应妻子马上就签保证书。他的妻子

马上把他拉了上来并告诉他，如果他再喝多了掉进井里，没人会管他。

◆

一个男人抓到了一只小老虎，决定把它当作自己的宠物来饲养。老虎被养得像一只猫，十分温柔，讨人喜欢，没有任何迹象能看出它有嗜血的本性，它看起来不会伤害任何人。一天，当主人和他的宠物玩耍时，老虎粗糙的舌头舔到了主人手上一处划伤流出的鲜血。就在野兽品尝到鲜血的那一刻，老虎凶猛的本性被唤醒了，它扑到主人身上，把他撕成了碎片。有时我们以为品尝鲜血的欲望早已被埋藏多年，但是一旦品尝到这“恶魔的味道”，我们原本以为早已消失的罪恶重现，我们又会成为激情的奴隶。

◆

有一个叫作休·米勒的小伙子，他平时和一个石匠共事，有一次他喝了石匠请他喝的两杯酒，回到家中之后，他想要像往常一样阅读他最喜欢的那本培根的文集时，他发现自己无法看清字体，也无法理解文意。“我感到，我让自己堕落了。”

他说，“我感觉自己沉沦到了自己的正常水平之下。那时我下定决心，以后我再也不会牺牲自己的正常心智来换取饮酒的一时欢愉，承蒙上帝的帮助，我信守了自己的诺言。”

◆

我们常常在一个年轻人的身上看到以下的信号：

“出售，大好前程换取一首歌。”

“黄金机遇，换取啤酒。”

“宏伟前程换取一点感官享受。”

“低价出售，所有的珍贵机遇，美好的生活，卓越的能力，换取赌桌上那千分之一的机会。”

“交换：光明的前程，灿烂的前景，敏捷的心智，大学教育，熟练的技能，敏锐的观察力，珍贵的经验，换取朗姆酒，一个糊涂的脑袋，低下的智力，脆弱的神经系统，有毒的血液，疾病缠身的躯体；所有的前程只换来酒鬼病变的肝脏。”

◆

在一次禁酒会议上，约翰·B·高夫用颤抖的双手签署了戒酒保证书。在接下来的六天六夜，在一个破破烂烂的阁楼上，他与酒瘾展开了痛苦的搏斗。六天几乎完全不吃不喝，没有合过眼，在极端的虚弱和饥饿中，他觉得自己快要死掉，苦苦挣扎等待天亮。但最终，他战胜了差点害死自己的恶魔。高夫曾经也描述过戒烟的感受。他扔掉手中的烟草，说一切都结束了。实则不然，这仅仅是一个开端。没有了烟草，他只能嚼甘菊、龙舌根或是牙签。但都无法缓解烟瘾。他买了一包烟草，把它装到自己的口袋里。他多想吸一吸呀！但是他看着烟草说："你不过是一堆杂草，而我是个堂堂正正的人。我决不会再被你诱惑。"他确实做到了，并且每天带着这包烟草以警示自己。

◆

人们总是不把小过错当一回事，但事实上罪恶的种子已经开始在他心中发芽了。

◆

柏拉图说过："对于一个人来说，最大的胜利莫过于征服自己。被自己打败是最为可耻的事情。"

无法抵制诱惑的人，不是一个完整的人。他缺乏作为人的最高属性。旧式骑士精神的高贵和荣誉在于保护无辜的人和纯洁的妇女不受侵害。但是更真挚、更高贵的骑士精神却能保护自己的纯洁和质朴的人格免受他人的侵扰。我们要认清自己的缺点，因为很多时候在生活中的关键时刻，衡量我们的力量和气概的不是我们的优点，而是缺点。许多妇女看到一只老鼠都可能会吓晕，但是在战争医院中却能坦然面对血淋淋的外科手术，给医生和伤员提供必要的帮助。许多士兵和官员面对大炮时，可以面不改色，但是在众人面前却无法正视自己的灵魂。许多著名政客可能会因国会议员一个蔑视的眼神而瑟瑟发抖，因画廊里人们的指指点点和小报上的冷嘲热讽而惊慌失措。我们每个人都有自己的弱点，如果一个人无法正视自己的弱点，那他就认识不到自己的缺点。

狂野的激情和热烈的感情很少与完全的自律联系在一起，但是一旦它们碰撞在一起，就会造就最为强大的人格。清晰的思路、冷静的判断将会成就无法抵挡的巨大能量。华盛顿就拥有这种组合的人格，他热情却不鲁莽，充满激情的同时坚守正义。与此同时，尽管内心的怒火可能已经波涛汹涌，表面却仍能不动声色。一旦显现出发怒的迹象，他内心坚定的意志就会阻止它。不论情况多么危急，他都不会失去对自身的控制，这种自我控制的毅力，胜于夺取一座城池的能力。

◆

真正强大的人，是始终严于律己的人，是出淤泥而不染的人，是自己激情的主人，是会控制自己的欲望，决不会让它影响到自己意志的人。他从来不会做偏好和冲动的奴隶。他是自己的主人，不管外界的诱惑和激情多么波涛汹涌，他掌舵的双手都不会迷失方向。

一位著名的教师曾经说过，爱好和习惯就像拉丁语和希腊语一样，是可以通过自学来习得的。但是它们的意义远比快乐更重要。在很大程度上，我们都是依存意志的生物。想要培养良好的习惯并不难。只要我们总是关注事情美好的一面，只要永远心存希望，只要每时每刻都发现生活的美好与和谐，而不纠结于生活的阴暗面；只要永远向着高贵、宏伟、真实的愿望前进，我们就能养成良好的习惯，拥有优良的品质与和谐的生活。我们都是习惯性的动物，通过了解习惯的法则，我们可以在我们身边形成良好的习惯网络，保护我们不受外界丑陋、自私的事物所干扰。事实上，生活中最大的快乐与满足，正是来源于自律。

◆

有个关于一位老妇去照相的故事。在相机面前，这位老妇摆着一副严肃、冷峻的表情，正是这副表情让邻家小孩避而远之的。摄影师从相机后面的黑布探出头，突然说："眼神给点光。"

她努力按照摄影师说的去做，但那副呆滞、沉重的表情仍然挂在脸上。

"脸上再舒展点。"摄影师轻松地说，口气中带着自信，也带着命令。

"年轻人，如果你觉得一个沉闷的老人家能因笑容而显得更具活力，每次面对挫折的时候都能乐观面对，那么这说明你对人性根本没有半点了解。快乐是需要一些外物来催化感觉的。"

"喔，不，不是这样的。你只要从内心做起就可以了，再试一次，好吗？"摄影师以平缓的语调回答道。

摄影师的语调与行为充满了自信，她又尝试了一次，比上次进步了许多。

“好！不错！你看上去年轻了二十岁。”摄影师在捕捉完她憔悴的面容上转瞬即逝的荣光之后，不禁这样惊叹道。

她带着一种奇异的心情回了家。这是自她丈夫离去之后，别人对她的首次赞美，她还挺享受这种感觉。回到小屋后，她对着镜子自言自语地说：“这其中可能真有一些魔力，但我还是先看看冲出来的照片再说。”

照片冲洗出来之后，相片中的她果然容光焕发，仿佛获得了第二次青春，脸上泛起了久违的年轻时期的热情。她久久地注视着照片，然后以清晰的口气坚定地说：“如果我能做到一次，那么就完全可以再做一次呀。”

她走到梳妆台上的小镜子前，平静地说：“凯瑟琳，笑一下。”苍老的脸上再次闪过一道荣光。

“笑得灿烂点！”她用命令的语气说道，脸上也随之闪现出淡定的笑容来。

邻居很快注意到了她的变化。他们都私下问她说：“凯瑟琳小姐，您怎么一下子好像年轻了好几岁，您是如何做到的？”

“这一切都要从内心做起。只要内心有一种欢快的感觉，感觉就会舒畅很多，你就会快乐起来了。”

◆

凡事都要仔细斟酌，尤其是那些至关重要的事情。很多人之所以失败，就是因为缺乏思考。他们在做事时从不仔细思考，既看不到好处，也看不到弊端。有些人虽勤于思考，却本末倒置，他们总是关注那些琐碎的小事，对重要的事情往往置之不理。有些事情我们应该仔细斟酌，并且牢记在心。智者对每件事情都进行思索，特别是那些深奥或重大的事情，更是反复考虑以后才决定取舍，如此一来，他们的见解比起一般人就要更加深刻。

情绪激动时不要有所行动。一个人在情绪失控时，其行为往往不能代表正常的自己。理智总是因为冲动而丧失。这时候，应该找一个冷静且谨慎的第三者，因为有些事情往往当事人糊涂，旁观的人却看得很清楚。谨慎之人一旦察觉到自己的情绪即将失控，会马上控制住它，并让它逐渐消退，否则就会因为一时冲动而莽撞行事。

## 5. 做不好不可怕，可怕的是总盯着自己做不好的地方

一个只知低头的人没有远大的追求。积极向上地生活，未达成的目标正在人生的顶峰朝我们挥手，每一个希望都预示着一项成就的可能。生活应该是热情的、真挚的，而不是最终被人遗忘的滑稽闹剧。现实是严峻的，我们的责任多如天上的星辰，拥有多大的志向也不为过。即使你最终没能达成你的理想，你做出的努力也会为你带来福祉；尽管未能实现世俗愿望的人往往会被失望的蠕虫吞噬了志向，但事实上世间的虚荣不过是一场泡影，财富会化为尘土，地位将会化为虚无，权力也不过是过眼云烟，如果没有内心的祥和，再多的俗世繁华最终都仅仅是一场闹剧而已。明智的人会驱走心中自私的野心，莎士比亚认为，雄心和缺点太过接近，必须加以改造才算得上是美德。

◆

爱在一个别扭、易怒、无能又懒惰的人身上会有多大的作

用呢？他会变得举止温柔、语言得体、充满活力。爱给他身上带来了诗意的气息。或许这只是一种模糊不清的情感，但是他却有着巨大的魔力。我们看不到是什么触动了他，但是他整个人都因此改变。

◆

雄心壮志对于人的改造并不亚于此。一个渴望得到名望的女人能够达到一个男人也望尘莫及的顶峰。一个人有了远大的志向后，会鄙夷懒惰和松散，偏爱辛劳和努力，他充满激情的力量甚至可以撼动整个国家。志向激励成千上万的人成为卓越、出色的人才；心存高远的人，可以摘取星辰。一旦有了正确的志向，人生的轨迹也会正确地发展。要通过心灵来激励双手，才能成就杰出的工作。没有了心的指导，双手永远无法“到达高处”。

◆

不要苛求自己达到不可能的目标。你有力量来发展自己，但这并不意味着你就要成为国王。在一个人的工作中，美国能换几位总统，英国又能换几位首相呢？如果成千上万的年轻人都下定决心成为总统和首相，那可就不好办了。尽管这种目标也不是不可能达到的，但是记住除非你的意志异常坚定，或者能力非比寻常，否则你是无法达到这种目标的。有太多人被超出自己能力的野心所蒙蔽，被完全不适合自己的志向所折磨。诚然，你可以拥有极其宏伟的目标，成为极为杰出、强大的人才，但是要确保你的愿望是建立在你的个人情况之上的。而且通常来说，科学家的生活很可能是单一而乏味的。达尔文在年轻的时候热爱诗歌与音乐，但是在他致力于科学研究之后，他惊奇地发现莎士比亚的诗歌变得很无聊。他说过，如果他能再活一次，他会每天读诗、听音乐，这样才不至于丧失欣赏这些美好事物的能力。

◆

人到这个世界之前，没人问他是否接受自己的生活。生活不是选择，你必须接受。你只能选择如何度过。杜马斯说过：“当我发现我是个黑人时，我决定要像一个白人一样生活，让人们不再专注我的肤色，而是关注我的内心。”

◆

在马萨诸塞州历史学会的收藏之中，有一份郎费罗的政治游说演讲稿。在其中一张空白页上有一段关于“精益求精”的摘要，显然，他在一户又一户的游说中取得了进步。

◆

“尽管大多数人都追求荣誉”，柏拉图说，“但我决定我将尽最大的能力来追求美德，直到我死去。我也诚挚地邀请你们和我一同加入这美德的竞赛中。我敢说这样的竞赛比所有的竞赛都更有价值，更有意义。”

◆

“若是有人终其一生坚定地追求一个目标，最终怎么会达不到呢？”梭罗说道，“如果一个人有着持久的志向，不停地努力，他怎会得不到提升呢？如果一个人具有了英勇的气概，宽宏大量的态度，真诚又正直的性格，最终还没有达成目标，你能说他就是徒劳无功吗？”

◆

人如果无法超越自己的习惯性思维，那他永远无法更上一层楼。我们总是习惯性地停滞在那里。伟大的人总能轻易地保持在其他人很难到达的高度上，不要让别人每天不停唠叨的扫兴之言浇灭了你的雄心壮志。是希望把我们一步步抬上神秘的阶梯，而它顶端的风光其实很少有人能一睹风采。即使我们没有达成预想的希望成果，但在攀登的过程中，我们变得更强了，我们拓宽了自己的人生视野，得到了努力的回报。反之，如果没有希望的引导，我们就会逐渐从梯子滑落堕入绝望之中。拿出最大的努力奋斗精神，始终保持在最佳状态，高标准要求在成功之路上绝对是必不可少的。

## 6. 如果陷入绝望，那么就在绝望中继续战斗

据说，在哥伦布航海完成的最后三天船上曾发生暴动。一旦他屈服于叛军，那么多年以来的努力和研究就都会付之东流。一切都在于那三天。多么重要的三天哪！

“经常在小的争斗中失败的人，”伟大的亚历山大·麦考利大帝说，“却往往会在战争中取得最后的胜利。”华盛顿对此也有相同的看法。在华盛顿知道的战争中，可能最初会失利，但是某个不经意的地方就会出现转折点，从而最后获得伟大的胜利。

近代传教士拉科代尔，曾经经历一次又一次的失败。每个人都说他不可能成为一名牧师，但是他坚信自己会成功。两年之内，他告别了屈辱的失败，成为给巴黎圣母院的大集会宣讲的牧师。

◆

奥林奇·贾德是一个通过毅力成功的绝佳案例。他每天都给农民打零工挣取粮食，自己把谷物运到磨房，再背回房间，

自己做饭，每天挤牛奶，连着几个月靠喝牛奶和玉米糊过日子。就这样，他坚持读完了卫斯理大学的课程，之后又在耶鲁读了三年的研究生。

◆

征服者的这种不屈不挠的精神是多么伟大呀！是它让富兰克林在印刷室埋头苦干，每顿饭只吃一小块面包，手里拿着书；是它帮助洛克在荷兰的一个小阁楼里只靠面包和水过活；是它驱使吉迪恩·李穿着单衣，饥寒交迫仍坚持赤脚走在雪地中；是它驱使着林肯和加菲尔德从小木屋一路走向了白宫。

◆

“当你陷入困境之中，诸事不顺的时候，除非你一分钟都坚持不了了，否则不要放弃，”哈里特·比彻·斯托说，“因为一切的不顺都是暂时的，随着时间的推移，一切都会好起来。”

“不要陷入绝望，”伯克说，“如果你真的陷入绝望，那么就在绝望中继续战斗。”

◆

一次在奈伊元帅上战场之前，他低头看着自己的膝盖，拍打着它说："你很可能会害怕，如果你知道我要带着你一起去估计你就更害怕了吧。"

◆

乔治·劳是纽约最出色的金融家和资本家之一。在他早期曾经有一件对他影响颇深的事件。当他还是一个年轻人的时候，他来到了纽约，身无分文，也没有朋友。一天他独自走在大街上，不知道下一餐的着落在哪，就这样他走过了一栋正在搭建的建筑。这时发生了一场事故，一个拿着泥浆桶的工人从建筑上掉落下来，死在了他的面前。年轻的劳走投无路，只得去申请代替这个工人的工作。这份工作就由他接替了。这位纽约最富有的商人之一就是这样开始他的"生意"的。

◆

看看年轻的迪斯雷利，他没有什么好的机会，但是他凭借自己的奋斗打拼，直到镇定自若地站在政治和社会权利的最高点。面对着下议院的嘲笑、奚落、阻碍和闲言碎语，他只是简单地回答："总有一天你们都会听到我的声音。"那一天到来了，这个当初一个机会都没有的男孩最终撼动了英国王权的统治长达二十五年之久。

◆

如果不可能真的存在的话，那么想必它会降临在基托的一生中。基托，双耳失聪，是一个穷苦不堪的人，也是一位东方学的大师。但是在基托的字典中，并没有"不可能"这三个字。在他的决断与庄严之下，一切的困难和不可能都消散了。基托祈求他的父亲让他离开贫民窟，尽管这样就意味着他们要过更艰苦的生活。基托告诉父亲，他会卖掉自己的书，典当掉自己的手帕，这样应该能筹集到大约十二先令。他还说，他愿意吃黑莓、坚果和原野上的芜菁为生，愿意睡稻草堆之上。这才是真正的勇气。对于这样坚定的决心来说，又有什么是不可能的呢？革命的先行者帕特里克·亨利也曾表现出这样坚定的决心："如果付出的代价是锁链和奴役，生命还有那么宝贵？和平还有那么甜美吗？全能的上帝不会允许这样的事情发生！

我不知道别人会怎么做，但是对于我来说，不自由，毋宁死！”

◆

加里森在一份南方报纸上读到这样一则广告：“乔治亚州长悬赏五千美元换取加里森的人头。”有一个恶棍发现了他，用绳子捆住他走过波士顿的街道，把他送进了监狱。然而他只是平静而又坚定不移地继续自己刚刚被打断的工作。在他将要被斩首之际，他说：“我的情感是热情而真挚的，我不会含糊其词，也不会找任何托词，我一步也不会退缩，我会为大家所理解。”加里森被世人理解了吗？问问因为他的努力而解放的种族就知道，即使绞刑架就在他面前，他也没有退缩过。他高呼着“自由”的口号，直到世界上最后一个奴隶也露出欣慰的笑，否则他决不会停下脚步。

◆

“有两个人，一个叫‘运气’，一个叫‘劳动’。”科布登说，“运气总是想要坐享其成，而劳动则通过敏锐的目光和坚强的意志自己去创造财富。运气整天躺在床上，祈求邮递员能给他带来有关遗产的好消息；劳动每天六点钟就起床，用笔忙碌地写，用锤子上上下下地凿，投入激烈的竞争。运气总是在哀叹，而劳动总是吹着口哨。运气总是依靠机会，而劳动依靠自己的品质。”

◆

对于不愿努力、不积极的人来说，就算有运气也没有什么用。之所以有人能发现所谓“偶然的发明”，是因为他们自己也在努力追求着其他事物。如果一个男人偶然被闪电击中了，这可能是与运气有关的。或许那些在不同领域获得成功的人确实有着某种“运气”，但引领他们走向成功的运气基本都是睿智的努力和充沛的能量带来的。可能从一件事看来，运气会有很大影响，但是从长远看来，这个规则却完全适用。让两个技艺相当的潜水者一同潜入水中，可能一个捞上来一颗珍珠，另一个则空手而归；但是过了五年、十年、二十年之后，我们将发现，他们的工作技艺和成功程度比例是相当精确的。

◆

曾经有一个焦虑的访客问林肯如果叛乱没有平息，在三年或者四年之后他将做些什么。林肯回答：“哦，没有别的办法，只能一直努力。”

当谢里丹在国会第一次演讲失败后，有人告诉他，他不会成为演说家。谢里丹回答：“潜力就存在于我的身体里，而且它会发挥出来。”后来，他被称为那个时代最棒的演说家。

当看不到成功的希望时，我们需要很大的勇气才能与失败作斗争。始终保持热情与毅力，寸土必争，把它当作胜利的保障，这就是真正的勇气。

即使面对意想不到的困难也不会退缩，冷静、耐心、勇敢地扼住命运的喉咙；如果可能，死也要死在工作岗位上——整个世界都会拜倒在这样的人脚下。

◆

亨利·福塞特以勇气和毅力代替自己的视力，并成为英国有史以来最伟大的邮政总局局长；普雷·斯科特以勇气和毅力代替自己的视力，成为美国最伟大的历史学家之一；弗兰西斯·帕克曼同样以勇气和毅力代替自己的健康和视力，也成为他那个时代美国最伟大的历史学家。成千上万的人以勇气和毅力代替自己的健康、眼睛、耳朵、手、腿，并获得了非凡的成功。没人能阻挡一个拥有勇气与毅力的人，他会把阻碍他前进的障碍作为垫脚石，引领自己走向成功。

◆

勇气和毅力不仅仅会体现在那些没有机会的穷人身上，在那些有着良好的家庭条件、不用努力打拼就能坐拥家业的年轻人身上，也经常会有勇气、毅力、坚韧不拔这样的美好品质。米福林先生是著名出版公司——霍顿公司新上任的经理。米福林的故事就是一个有关坚韧不拔的好例子。在他从哈佛大学毕业并周游世界回来之后，他下定决心，尽管他无须被迫为生计奔波，他也一定要在剑桥的大出版社赢得一席之地。于是他打电话给豪顿先生问他是否有空缺的职位。豪顿先生告诉他，现在没有空缺，即使有，他也不相信一个周游过世界的富有的哈佛毕业生会心甘情愿从最底层做起，做日常琐碎辛苦的零工，拿着小工的微薄薪水。米福林先生反驳说，他不惧怕艰苦的工作，只要能学习业务，他愿意做任何事，接受任何职位。但是豪顿先生还是不愿意接受他。于是米福林先生一次又一次地来到出版社，一次又一次地恳求，但是还没有结果。米福林先生说服了自己的父亲为自己求情，但是豪顿先生成功说服了他，告诉他鼓励自己儿子这样做是不明智的。但是年轻的米福林下定决心永不放弃。最后，霍顿先生为他的勇气与毅力所折服，为他提供了一个职位，每周五美元。

年轻的米福林带着极大的热情和决心，抓住机会认真工作，很快豪顿先生就把他叫到办公室，将他的薪水升为每周九美元。尽管他居住在很远的波士顿，但是他总是一大早就出现在剑桥的河畔出版社，在开完会其他人都离开的时候，他总会留下来。一天在很晚的时候，大家都离开了，豪顿先生碰巧有事回去了一趟，他惊讶地发现米福林先生还在那里，在一台印刷机前忙来忙去。当然如此勤奋的人必定会受到奖赏。很快他就成了公司的领导者。